MEISTER SCHOOL

마이스터고 입학 적성평가

최종모의고사 5회분(기본형+혼합형)

시대에듀

시대에듀 마이스터고 입학 적성평가 최종모의고사 5회분(기본형+혼합형)

Always **with you**

사람의 인연은 길에서 우연하게 만나거나 함께 살아가는 것만을 의미하지는 않습니다.
책을 펴내는 출판사와 그 책을 읽는 독자의 만남도 소중한 인연입니다.
시대에듀는 항상 독자의 마음을 헤아리기 위해 노력하고 있습니다. 늘 독자와 함께하겠습니다.

PREFACE

머리말

마이스터고 입학 적성평가, 합격의 길을 열어드립니다!

마이스터고등학교는 유망분야의 특화된 산업수요와 연계하여 '예비 마이스터(Young Meister)'를 육성하기 위해 설립된 특수목적고등학교입니다. 2010년 21개교로 첫 출발한 마이스터고등학교는 2025학년도 모집 기준 전국 협약학교가 57개교에 달할 정도로 매해 성장하고 있습니다. 이렇게 마이스터고등학교가 단기간 내에 발전할 수 있었던 배경에는 국가가 지원하는 탄탄한 기술중심의 교육과정이 있습니다.

적성평가 시험에 대비하여 꼭 필요한 내용만 담았습니다!

마이스터고등학교 입학 전형은 전기고 모집 일정에 따라 매년 10월경 원서 접수 및 세부 전형, 합격자 발표가 이뤄지고 있습니다. 다만 학교마다 세부 일정 및 평가방식이 조금씩 다르게 진행되고 있어 지원하고자 하는 학교의 입학 전형 안내문을 반드시 확인해야 합니다. 특히 적성평가 시험은 전문 출제기관에 의뢰하여 문제를 제작하거나 학교에서 자체적으로 문제를 선별하여 출제하고 있습니다. 따라서 대략적으로 시험에 관한 내용을 고지해주는 경우도 있지만, 구체적인 출제영역이나 문항 수, 시험시간 등을 미리 파악하기 어려운 경우도 많습니다.

〈마이스터고 입학 적성평가 최종모의고사〉는 이처럼 적성평가 시험 대비에 어려움을 겪는 여러분들의 길잡이가 되기 위해 만들어졌습니다. 많이 출제되는 영역을 중심으로 출제 비중에 차등을 두고 시험에 출제될 만한 대표유형들을 선별하여 수록하였으며, 기본형과 혼합형의 두 가지 구성방식으로 수록된 최종모의고사를 풀어보며 실전에 더욱 완벽하게 대비할 수 있도록 했습니다.

마이스터고등학교 입학을 꿈꾸는 학생들과 학부모 여러분들에게 이 책이 귀중한 합격의 청사진이 되기를 바랍니다. 여러분의 합격을 진심으로 응원합니다.

시대적성검사연구소 씀

영역별 대표유형으로 실전 대비하기

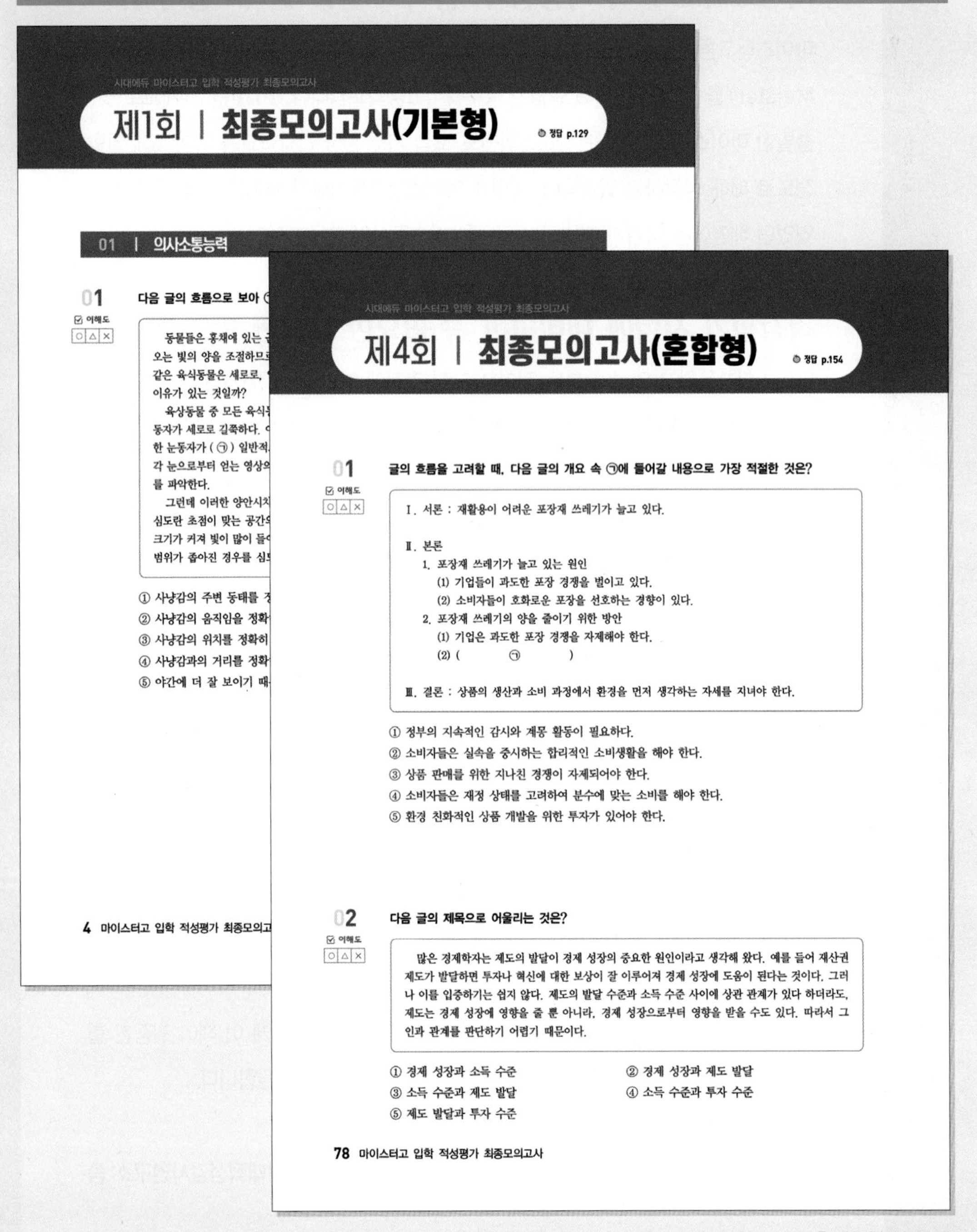
시대에듀 마이스터고 입학 적성평가 최종모의고사

제1회 | 최종모의고사(기본형) 정답 p.129

01 | 의사소통능력

시대에듀 마이스터고 입학 적성평가 최종모의고사

제4회 | 최종모의고사(혼합형) 정답 p.154

01 글의 흐름을 고려할 때, 다음 글의 개요 속 ㉠에 들어갈 내용으로 가장 적절한 것은?

Ⅰ. 서론 : 재활용이 어려운 포장재 쓰레기가 늘고 있다.

Ⅱ. 본론
1. 포장재 쓰레기가 늘고 있는 원인
(1) 기업들이 과도한 포장 경쟁을 벌이고 있다.
(2) 소비자들이 호화로운 포장을 선호하는 경향이 있다.
2. 포장재 쓰레기의 양을 줄이기 위한 방안
(1) 기업은 과도한 포장 경쟁을 자제해야 한다.
(2) (㉠)

Ⅲ. 결론 : 상품의 생산과 소비 과정에서 환경을 먼저 생각하는 자세를 지녀야 한다.

① 정부의 지속적인 감시와 계몽 활동이 필요하다.
② 소비자들은 실속을 중시하는 합리적인 소비생활을 해야 한다.
③ 상품 판매를 위한 지나친 경쟁이 자제되어야 한다.
④ 소비자들은 재정 상태를 고려하여 분수에 맞는 소비를 해야 한다.
⑤ 환경 친화적인 상품 개발을 위한 투자가 있어야 한다.

02 다음 글의 제목으로 어울리는 것은?

많은 경제학자는 제도의 발달이 경제 성장의 중요한 원인이라고 생각해 왔다. 예를 들어 재산권 제도가 발달하면 투자나 혁신에 대한 보상이 잘 이루어져 경제 성장에 도움이 된다는 것이다. 그러나 이를 입증하기는 쉽지 않다. 제도의 발달 수준과 소득 수준 사이에 상관 관계가 있다 하더라도, 제도는 경제 성장에 영향을 줄 뿐 아니라, 경제 성장으로부터 영향을 받을 수도 있다. 따라서 그 인과 관계를 판단하기 어렵기 때문이다.

① 경제 성장과 소득 수준
② 경제 성장과 제도 발달
③ 소득 수준과 제도 발달
④ 소득 수준과 투자 수준
⑤ 제도 발달과 투자 수준

78 마이스터고 입학 적성평가 최종모의고사

마이스터고등학교 적성평가 시험에서 많이 출제되고 있는 영역들을 충실하게 담았습니다. 학교마다 출제유형 및 문제 구성방식, 출제문항 수 등이 다른 점을 고려해 영역별로 문제를 구분하여 수록한 기본형 3회분과 여러 영역의 문제를 적절히 섞어서 구성한 혼합형 2회분을 수록하였습니다. 또한 각 영역별 대표유형 문제들을 풀어보며 실전 시험을 준비할 수 있습니다.

연습도 실전처럼, 시간 관리는 필수!

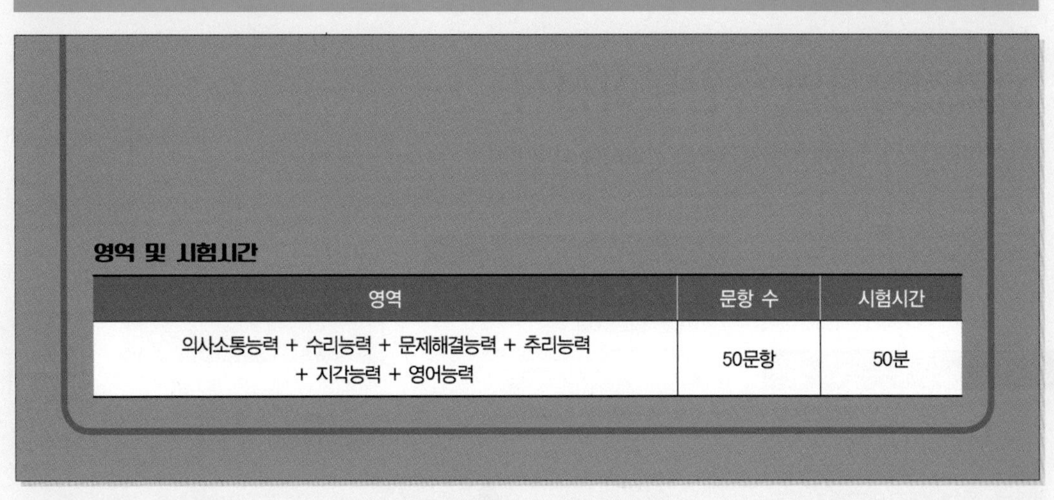

영역 및 시험시간

영역	문항 수	시험시간
의사소통능력 + 수리능력 + 문제해결능력 + 추리능력 + 지각능력 + 영어능력	50문항	50분

적성평가 시험은 정해진 시간 내에 많은 문제를 풀어야 하는 만큼 시간 관리가 매우 중요합니다. 따라서 현장에서 당황하지 않고 정해진 시험시간 내에 문제를 풀 수 있도록 타이머를 설정하고 연습해봅니다.

상세한 해설로 다시 한 번 복습하기

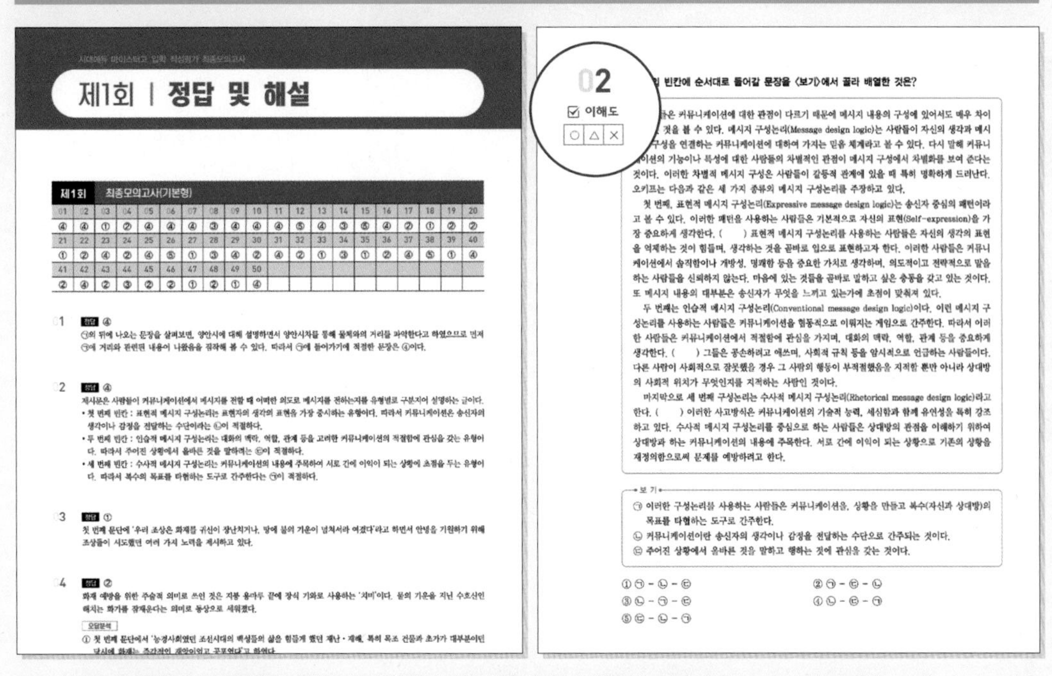

제1회 | 정답 및 해설

틀린 문제나 헷갈렸던 내용을 명확하게 이해할 수 있도록 상세한 해설을 수록하였습니다. 각 문제별 '이해도' 체크란을 활용하여 헷갈렸던 문제나 틀린 문제는 다시 한번 확인하고 완벽하게 이해할 수 있도록 복습합니다.

마이스터고 입학 안내

Search

전국 마이스터고 현황

지역전략산업 유망분야선정

우리나라 최고의 기술명장을 육성하는 기술강국 코리아 마이스터고가 함께합니다.

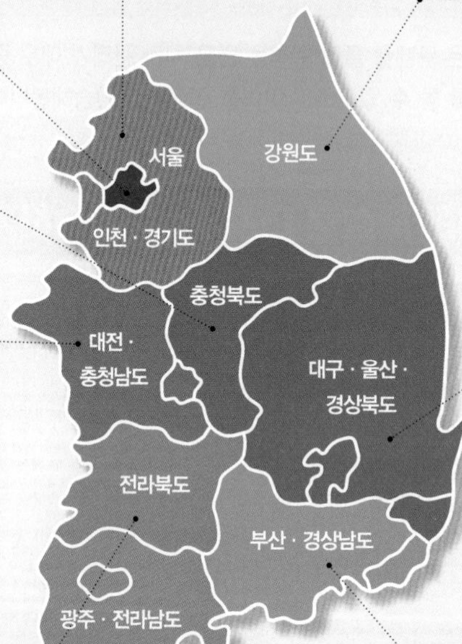

인천 · 경기도

전자 · 통신 인천전자마이스터고등학교
해양 인천해사고등학교
게임콘텐츠 경기게임마이스터고등학교
메카트로닉스 수원하이텍고등학교
자동차 · 기계 평택마이스터고등학교

강원도

의료기기 · 바이오 원주의료고등학교
소방 한국소방마이스터고등학교
발전산업 한국에너지마이스터고등학교

서울

에너지 수도전기공업고등학교
뉴미디어콘텐츠 미림마이스터고등학교
로봇 서울로봇고등학교
해외건설 · 플랜트 서울도시과학기술고등학교

충청북도

반도체장비 충북반도체고등학교
바이오 한국바이오마이스터고등학교
차세대전지 충북에너지고등학교

대전 · 충청남도

전자 · 기계 동아마이스터고등학교
소프트웨어 대덕소프트웨어마이스터고등학교
철강 합덕제철고등학교
전기 · 전자 공주마이스터고등학교
자동차부품제조 연무마이스터고등학교
식품 한국식품마이스터고등학교
지능형 공장 아산스마트팩토리마이스터고등학교
반도체 예산전자공업고등학교

대구 · 울산 · 경상북도

기계 · 메카트로닉스 경북기계공업고등학교
SW · SW융합 대구소프트웨어마이스터고등학교
자동차 대구일마이스터고등학교
도시형 첨단농업경영 대구농업마이스터고등학교
기계 · 자동화 울산마이스터고등학교
에너지 울산에너지고등학교
조선해양플랜트 현대공업고등학교
전자 구미전자공업고등학교
기계 · 전자모바일 금오공업고등학교
원자력발전설비 한국원자력마이스터고등학교
철강 포항제철공업고등학교
글로벌비지니스 한국국제통상마이스터고등학교
의약 · 식품품질관리 경북바이오마이스터고등학교
지능형 해양수산 포항해양마이스터고등학교
반도체 대구전자공업고등학교
디지털 경북소프트웨어고등학교

전라북도

조선 · 기계 군산기계공업고등학교
기계 전북기계공업고등학교
말 산업 한국경마축산고등학교
농생명자원생산 · 가공 김제농생명마이스터고등학교

광주 · 전라남도

자동화설비 광주자동화설비마이스터고등학교
소프트웨어 광주소프트웨어마이스터고등학교
항만물류 한국항만물류고등학교
친환경농축산 전남생명과학고등학교
석유화학산업 여수석유화학고등학교
어업 및 수산물 가공 완도수산고등학교

부산 · 경상남도

자동차산업 부산자동차고등학교
기계 부산기계공업고등학교
해양 부산해사고등학교
조선 거제공업고등학교
항공 · 조선 삼천포공업고등학교
항공기술 공군항공과학고등학교
나노융합 한국나노마이스터고등학교
소프트웨어 부산소프트웨어마이스터고등학교

마이스터고 학생 지원 및 입학 전형

마이스터고등학교란?

산업수요 맞춤형 교육과정 운영을 통해 학생의 취업 역량을 기르는 학교로, 졸업 후 100% 우선 취업과 기술명장으로의 계속 성장을 지원합니다. 취업 후에는 재직자 특별전형 등 후진학제도를 통해 일과 학업을 병행할 수 있습니다.

학생 지원

❶ 우수학생과 저소득층 학생에게 별도의 장학금 지급
❷ 학생들의 교육집중을 위해 쾌적한 기숙사 제공
❸ 해외 직업전문학교 연수, 국가 · 지자체의 세계화 사업 등과 연계하여 학생 해외진출 지원

마이스터고 학생의 성장 경로(Career Path) 구축 · 지원

❶ 학생들이 마이스터고에 입학하여 졸업할 때까지 성취수준을 평가하는 졸업인증제를 통해 우수한 기업에 취업할 수 있는 발판 제공
❷ 마이스터고별 기업체와의 유기적인 협력을 통해 협력 기업에 채용 협약 체결
❸ 취업이 확정된 졸업생은 최대 4년간 입영을 연기할 수 있고, 군 복무시 특기분야 근무 가능
❹ 직장에서 3년 이상 근무 시 산업체 재직자 특별전형, 계약학과, 사내대학 등 취업 후 학위를 취득할 수 있는 경로 마련

2025학년도 마이스터고등학교(전기고) 신입생 입학 전형 일정

원서 접수 및 교부	합격자 발표 등 세부 전형
2024.10.14.(월) ~ 10.17.(목)	2024.10.22.(화) ~ 10.30.(수)

※ 이중지원 불가. 생활기록부 검증을 통해 제출된 최종 명단(학교 ➡ 교육부 및 한국직무능력평가연구소)을 통해 이중지원자를 확인하여, 최종 발표 이전에 학교로 안내

❖ 본 입학 전형은 교육부가 운영하는 '특성화고 · 마이스터고 포털 하이파이브'의 마이스터고등학교 입학 전형 안내를 바탕으로 정리한 내용으로 지원학교별로 세부 내용은 변경될 수 있으니 반드시 하이파이브 누리집(www.hifive.go.kr)이나 지원학교의 누리집에서 최종 확정된 입학 전형 공고문을 확인하시기 바랍니다.

이 책의 차례

Search

문제편

해설편

문제편

남에게 이기는 방법의 하나는 예의범절로 이기는 것이다.

– 조쉬 빌링스 –

최종모의고사
제1회

영역 및 시험시간

영역	문항 수	시험시간
의사소통능력 + 수리능력 + 문제해결능력 + 추리능력 + 지각능력 + 영어능력	50문항	50분

제1회 | 최종모의고사(기본형)

정답 p.129

01 | 의사소통능력

01 다음 글의 흐름으로 보아 ㉠에 들어가기에 가장 적절한 것은?

☑ 이해도
○ △ ×

동물들은 홍채에 있는 근육의 수축과 이완을 통해 눈동자를 크게 혹은 작게 만들어 눈으로 들어오는 빛의 양을 조절하므로, 눈동자 모양이 원형인 것이 가장 무난하다. 그런데 고양이와 늑대와 같은 육식동물은 세로로, 양이나 염소와 같은 초식동물은 가로로 눈동자 모양이 길쭉하다. 특별한 이유가 있는 것일까?

육상동물 중 모든 육식동물의 눈동자가 세로로 길쭉한 것은 아니다. 주로 매복형 육식동물의 눈동자가 세로로 길쭉하다. 이는 숨어서 기습을 하는 사냥 방식과 밀접한 관련이 있는데, 세로로 길쭉한 눈동자가 (㉠) 일반적으로 매복형 육식동물은 양쪽 눈으로 초점을 맞춰 대상을 보는 양안시로, 각 눈으로부터 얻는 영상의 차이인 양안시차를 하나의 입체 영상으로 재구성하면서 물체와의 거리를 파악한다.

그런데 이러한 양안시차뿐만 아니라 거리지각에 대한 정보를 주는 요소로 심도 역시 중요하다. 심도란 초점이 맞는 공간의 범위를 말하며, 심도는 눈동자의 크기에 따라 결정된다. 즉 눈동자의 크기가 커져 빛이 많이 들어오게 되면, 커지기 전보다 초점이 맞는 범위가 좁아진다. 이렇게 초점의 범위가 좁아진 경우를 심도가 '얕다'고 하며, 반대인 경우를 심도가 '깊다'고 한다.

① 사냥감의 주변 동태를 정확히 파악하는 데 효과적이기 때문이다.
② 사냥감의 움직임을 정확히 파악하는 데 효과적이기 때문이다.
③ 사냥감의 위치를 정확히 파악하는 데 효과적이기 때문이다.
④ 사냥감과의 거리를 정확히 파악하는 데 효과적이기 때문이다.
⑤ 야간에 더 잘 보이기 때문이다.

02 다음 글의 빈칸에 순서대로 들어갈 문장을 〈보기〉에서 골라 배열한 것은?

☑ 이해도
○ △ ×

사람들은 커뮤니케이션에 대한 관점이 다르기 때문에 메시지 내용의 구성에 있어서도 매우 차이가 나는 것을 볼 수 있다. 메시지 구성논리(Message design logic)는 사람들이 자신의 생각과 메시지의 구성을 연결하는 커뮤니케이션에 대하여 가지는 믿음 체계라고 볼 수 있다. 다시 말해 커뮤니케이션의 기능이나 특성에 대한 사람들의 차별적인 관점이 메시지 구성에서 차별화를 보여 준다는 것이다. 이러한 차별적 메시지 구성은 사람들이 갈등적 관계에 있을 때 특히 명확하게 드러난다. 오키프는 다음과 같은 세 가지 종류의 메시지 구성논리를 주장하고 있다.

첫 번째, 표현적 메시지 구성논리(Expressive message design logic)는 송신자 중심의 패턴이라고 볼 수 있다. 이러한 패턴을 사용하는 사람들은 기본적으로 자신의 표현(Self-expression)을 가장 중요하게 생각한다. (　　) 표현적 메시지 구성논리를 사용하는 사람들은 자신의 생각의 표현을 억제하는 것이 힘들며, 생각하는 것을 곧바로 입으로 표현하고자 한다. 이러한 사람들은 커뮤니케이션에서 솔직함이나 개방성, 명쾌함 등을 중요한 가치로 생각하며, 의도적이고 전략적으로 말을 하는 사람들을 신뢰하지 않는다. 마음에 있는 것들을 곧바로 말하고 싶은 충동을 갖고 있는 것이다. 또 메시지 내용의 대부분은 송신자가 무엇을 느끼고 있는가에 초점이 맞춰져 있다.

두 번째는 인습적 메시지 구성논리(Conventional message design logic)이다. 이런 메시지 구성논리를 사용하는 사람들은 커뮤니케이션을 협동적으로 이뤄지는 게임으로 간주한다. 따라서 이러한 사람들은 커뮤니케이션에서 적절함에 관심을 가지며, 대화의 맥락, 역할, 관계 등을 중요하게 생각한다. (　　) 그들은 공손하려고 애쓰며, 사회적 규칙 등을 암시적으로 언급하는 사람들이다. 다른 사람이 사회적으로 잘못했을 경우 그 사람의 행동이 부적절했음을 지적할 뿐만 아니라 상대방의 사회적 위치가 무엇인지를 지적하는 사람인 것이다.

마지막으로 세 번째 구성논리는 수사적 메시지 구성논리(Rhetorical message design logic)라고 한다. (　　) 이러한 사고방식은 커뮤니케이션의 기술적 능력, 세심함과 함께 유연성을 특히 강조하고 있다. 수사적 메시지 구성논리를 중심으로 하는 사람들은 상대방의 관점을 이해하기 위하여 상대방과 하는 커뮤니케이션의 내용에 주목한다. 서로 간에 이익이 되는 상황으로 기존의 상황을 재정의함으로써 문제를 예방하려고 한다.

보 기

㉠ 이러한 구성논리를 사용하는 사람들은 커뮤니케이션을, 상황을 만들고 복수(자신과 상대방)의 목표를 타협하는 도구로 간주한다.
㉡ 커뮤니케이션이란 송신자의 생각이나 감정을 전달하는 수단으로 간주되는 것이다.
㉢ 주어진 상황에서 올바른 것을 말하고 행하는 것에 관심을 갖는 것이다.

① ㉠ - ㉡ - ㉢
② ㉠ - ㉢ - ㉡
③ ㉡ - ㉠ - ㉢
④ ㉡ - ㉢ - ㉠
⑤ ㉢ - ㉡ - ㉠

※ 다음 글을 읽고 이어지는 질문에 답하시오. [03~04]

「조선왕조실록」에 기록된 지진만 1,900여 건, 가뭄과 홍수는 이루 헤아릴 수 없을 정도다. 농경사회였던 조선시대 백성들의 삶을 더욱 힘들게 했던 재난・재해, 특히 목조 건물과 초가가 대부분이던 당시에 화재는 즉각적인 재앙이었고 공포였다. 우리 조상은 화재를 귀신이 장난치거나, 땅에 불의 기운이 넘쳐서라 여겼다. 화재 예방을 위해 벽사(僻邪)를 상징하는 조형물을 세우며 안녕을 기원했다.

고대 건축에서 안전관리를 상징하는 대표적인 예로 지붕 용마루 끝에 장식 기와로 사용하는 '치미(鴟尾)'를 들 수 있다. 전설에 따르면 불이 나자 큰 새가 꼬리로 거센 물결을 일으키며 비를 내려 불을 껐다는 기록이 남아있다. 약 1,700년 전에 중국에서 처음 시작돼 화재 예방을 위한 주술적 의미로 쓰였고, 우리나라에선 황룡사 '치미'가 대표적이다.

조선 건국 초기, 관악산의 화기를 잠재우기 위해 '해치(해태)'를 광화문에 세웠다. '해치'는 물의 기운을 지닌 수호신으로 현재 서울의 상징이기도 한 상상 속 동물이다. 또한 궁정이나 관아의 안전을 수호하는 상징물로 '잡상(雜像)'을 세웠다. 궁궐 관련 건물에만 등장하는 '잡상'은 건물의 지붕 내림마루에 「서유기」에 등장하는 기린, 용, 원숭이 등 다양한 종류의 동물을 신화적 형상으로 장식한 기와이다.

그 밖에 경복궁 화재를 막기 위해 경회루에 오조룡(발톱이 다섯인 전설의 용) 두 마리를 넣었다는 기록이 전해진다. 실제 1997년 경회루 공사 중 오조룡이 발견되면서 화제가 됐었다. 불을 상징하는 구리 재질의 오조룡을 물속에 가둬놓고 불이 나지 않기를 기원했던 것이다.

조선시대에는 도성 내 화재 예방에 각별히 신경 썼다. 궁궐을 지을 때 불이 번지는 것을 막기 위해 건물 간 10m 이상 떨어져 지었고, 창고는 더 큰 피해를 입기에 30m 이상 간격을 뒀다. 민간에선 다섯 집마다 물독을 비치해 방화수로 활용했고, 행랑이나 관청에 우물을 파게 해 화재 진압용수로 사용했다.

지붕 화재에 대비해 사다리를 비치하거나 지붕에 쇠고리를 박고, 타고 올라갈 수 있도록 쇠줄을 늘여놓기도 했다. 오늘날 소화기나 완강기 등과 같은 이치다. 특히 세종대왕은 '금화도감'이라는 소방기구를 설치해 인접 가옥 간에 '방화장(防火墻)'을 쌓고, 방화범을 엄히 다루는 등 화재 예방에 만전을 기했다.

03

☑ 이해도 ○ △ ×

다음 중 윗글의 제목으로 적절한 것은?

① 불귀신을 호령하기 위한 조상들의 노력
② 화재 예방을 위해 지켜야 할 법칙들
③ 미신에 관한 과학적 증거들
④ 자연재해에 어떻게 대처해야 하는가?
⑤ 옛 건축 장식물들의 상징적 의미

04

☑ 이해도 ○ △ ×

다음 중 윗글의 내용과 일치하지 않는 것은?

① 조선시대의 재난・재해 중 특히 화재는 백성들을 더욱 힘들게 했다.
② 해치는 화재 예방을 위한 주술적 의미로 쓰인 '치미'의 예이다.
③ '잡상'은 「서유기」에 등장하는 다양한 종류의 동물을 신화적 형상으로 장식한 기와다.
④ 오조룡은 실제 경회루 공사 중에 발견되었다.
⑤ 세종대왕은 '금화도감'이라는 소방기구를 설치하여 화재를 예방하였다.

※ 다음 글을 읽고 이어지는 질문에 답하시오. [05~06]

딸기에는 비타민 C가 귤의 1.6배, 레몬의 2배, 키위의 2.6배, 사과의 10배 정도 함유되어 있어 딸기 5~6개를 먹으면 하루에 필요한 비타민 C를 전부 섭취할 수 있다. 비타민 C는 신진대사 활성화에 도움을 줘 원기를 회복하고 체력을 증진시키며, 멜라닌 색소가 축적되는 것을 막아 기미, 주근깨를 예방해준다. 멜라닌 색소가 많을수록 피부색이 검어지므로 미백 효과도 있는 셈이다. 또한 비타민 C는 피부 저항력을 높여줘 알레르기성 피부나 홍조가 짙은 피부에도 좋다. 게다가 비타민 C가 내는 신맛은 식욕 증진 효과와 스트레스 해소 효과가 있다.

한편, 딸기에 비타민 C만큼 풍부하게 함유된 성분이 항산화 물질인데, 이는 암세포 증식을 억제하는 동시에 콜레스테롤 수치를 낮춰주는 기능을 한다. 그래서 심혈관계 질환, 동맥경화 등에 좋고 눈의 피로를 덜어주며 시각 기능을 개선해주는 효과도 있다.

딸기는 식물성 섬유질 함량도 높은 과일이다. 섬유질 성분은 콜레스테롤을 낮추고, 혈액을 깨끗하게 만들어준다. 뿐만 아니라 소화 기능을 촉진하고 장운동을 활발히 해 변비를 예방한다. 딸기 속 철분은 빈혈 예방 효과가 있어 혈색이 좋아지게 한다. 더불어 모공을 축소시켜 피부 탄력도 증진시킨다. 딸기와 같은 붉은 과일에는 라이코펜이라는 성분이 들어있는데, 이 성분은 면역력을 높이고 혈관을 튼튼하게 해 노화 방지 효과를 낸다. 주의할 점은 건강에 무척 좋은 한편, 당도가 높으므로 하루에 5~10개 정도만 먹는 것이 적당하다. 물론 달달한 맛에 비해 칼로리는 100g당 27kcal로 높지 않아 다이어트 식품으로 선호도가 높다.

05 다음 중 윗글의 제목으로 적절한 것은?

☑ 이해도 ○ △ ×

① 딸기 속 비타민 C를 찾아라
② 비타민 C의 신맛의 비밀
③ 제철과일, 딸기 맛있게 먹는 법
④ 다양한 효능을 가진 딸기
⑤ 딸기를 먹을 때 주의해야 할 몇 가지

06 제시된 글을 마케팅에 이용할 때, 마케팅 대상으로 적절하지 않은 사람은?

☑ 이해도 ○ △ ×

① 잦은 야외활동으로 주근깨가 걱정인 사람
② 스트레스로 입맛이 사라진 사람
③ 콜레스테롤 수치 조절이 필요한 사람
④ 당뇨병으로 혈당 조절을 해야 하는 사람
⑤ 피부 탄력과 노화 예방에 관심이 많은 사람

07

☑ 이해도 ○ △ ×

다음 중 괄호 안의 단어를 맥락에 맞게 고친 것은?

웰빙이란 육체적 · 정신적 건강의 조화를 통해 행복하고 아름다운 삶을 추구하는 삶의 유형이나 문화를 통틀어 일컫는 개념이라 할 수 있다. 우리나라의 경우 2003년 들어 웰빙 문화가 퍼져 웰빙족이라는 개념이 도입되었는데, 특히 이들의 식습관은 고기 대신 생선과 유기농산물을 즐기고 외식보다는 가정에서 만든 슬로푸드를 즐기는 경향이 있다. 현재 우리나라의 대기업에서 일괄 제조하고 있는 여러 '가공 웰빙 식품'은 아무리 유기농산물을 사용하고, 여러 영양소를 (첨가하다) 가공식품으로 분류하여야 마땅하다. 그러나 이러한 식품들은 일반적으로 웰빙 식품으로 인식되어 소비되고 있다.

① 첨가해야 하므로

② 첨가하였으니

③ 첨가할 수밖에 없어

④ 첨가했다 하더라도

⑤ 첨가한 후에야

08

☑ 이해도 ○ △ ×

다음 문장을 논리적 순서대로 알맞게 배열한 것은?

(A) 재활승마란 뇌성마비 등 신체적 · 심리적 장애가 있는 사람들이 승마를 통해 치료적 성과를 도모하는 동물을 매개로 한 치료 프로그램이다.

(B) 하지만 재활승마는 미국과 영국, 독일을 비롯한 51개국 228개 단체에서 한 해에 약 500만명 이상이 참가하고 있을 정도로 활발하게 운영되고 있어 국내에도 보다 많은 보급이 필요한 상황이다.

(C) 오는 3월, 국내 최초로 재활승마 전용마장이 재활승마 공간, 치료 · 평가실, 관람실 등으로 구성되어 연간 140명의 뇌성마비 아동 등을 대상으로 무상 운영된다.

(D) 또한 이번에 완공된 재활승마 전용마장은 재활승마에 필요한 실내마장, 마사, 자원봉사자실, 관람실 등으로 마련되어 장애아동과 가족들이 이용하기 편리하도록 꾸며져 있다.

① (A) – (B) – (C) – (D)

② (C) – (B) – (D) – (A)

③ (C) – (A) – (D) – (B)

④ (A) – (D) – (C) – (B)

⑤ (C) – (D) – (A) – (B)

09

☑ 이해도

○	△	×

다음 글의 내용에 가장 적절한 한자성어는?

> 부채위기를 해결하겠다고 나선 유럽 국가들의 움직임이 당장 눈앞에 닥친 위기 상황을 모면하려는 미봉책이라서 안타깝다. 이것은 유럽중앙은행(ECB)의 대차대조표에서 명백한 정황이 드러난다. ECB에 따르면 지난해 말 대차대조표가 2조 730억유로를 기록해 사상 최고치를 기록했다. 3개월 전에 비해 5,530억유로 늘어난 수치다. 문제는 ECB의 장부가 대폭 부풀어 오른 배경이다. 유로존 주변국의 중앙은행은 채권을 발행해 이를 담보로 ECB에서 자금을 조달한다. 이렇게 ECB의 자금을 손에 넣은 중앙은행은 정부가 발행한 국채를 사들인다. 금융시장에서 '팔기 힘든' 국채를 소화하기 위한 임기응변인 셈이다.

① 피발영관(被髮纓冠)
② 탄주지어(呑舟之魚)
③ 양상군자(梁上君子)
④ 하석상대(下石上臺)
⑤ 배반낭자(杯盤狼藉)

10

☑ 이해도

○	△	×

다음 ㉠~㉢에 들어갈 말로 적절한 것끼리 묶인 것은?

> • 주식 투자 손실을 부동산 매각 대금으로 (㉠)하였다.
> • 경찰은 이 조항에 근거하여 처벌 대상자를 (㉡)하였다.
> • 예술 학교는 무용 학교를 (㉢)하여 그 정원이 두 배가 되었다.

	㉠	㉡	㉢
①	보존	선발	합병
②	보존	선별	통합
③	보전	선발	통합
④	보전	선별	합병
⑤	보전	선별	통합

11

☑ 이해도

○	△	×

다음 빈칸에 들어갈 말로 가장 알맞은 것은?

> 나도 이제 (　　) 당하고만 있지 않겠다.

① 밋밋하게
② 마뜩하게
③ 솔깃하게
④ 녹록하게
⑤ 미쁘게

12 다음은 A~E의 NCS 직업기초능력평가 성적 자료이다. 평균점수가 다른 것 하나를 고르면?

☑ 이해도 ○ △ ×

(단위 : 점)

구분	의사소통능력	수리능력	문제해결능력	조직이해	직업윤리
A	60	70	75	65	80
B	50	90	80	60	70
C	70	70	70	70	70
D	70	50	90	100	40
E	85	60	70	75	65

① A
② B
③ C
④ D
⑤ E

13 다음 중 계산 결과가 주어진 식과 같은 것은?

☑ 이해도 ○ △ ×

$$\frac{5}{6}\times\frac{3}{4}-\frac{7}{16}$$

① $\frac{8}{3}-\frac{4}{7}\times\frac{2}{5}$
② $\frac{4}{5}\times\frac{2}{3}-(\frac{3}{7}-\frac{1}{6})$
③ $\frac{5}{6}\div\frac{5}{12}-\frac{3}{5}$
④ $(\frac{1}{4}-\frac{2}{9})\times\frac{9}{4}+\frac{1}{8}$
⑤ $\frac{7}{2}\times\frac{2}{3}-\frac{1}{2}$

※ 다음 글을 읽고 이어지는 질문에 답하시오. [14~16]

도시	인구(만명)	보유 도로(1km)	1,000명당 자동차 대수
A	108	198	205
B	75	148	130
C	53	315	410
D	40	103	350

14 자동차 대수가 많은 순서대로 나열한 것은?

☑ 이해도 ○ △ ×

① C – B – A – D
② C – D – A – B
③ A – C – D – B
④ A – D – B – C
⑤ D – B – A – C

15 한 가구당 구성인수를 3명이라고 하면, 평균 가구당 한 대 이상의 자동차를 보유하고 있는 시를 모두 고른 것은?

☑ 이해도 ○ △ ×

① A, B
② B
③ C
④ D
⑤ C, D

16 도로 1km당 자동차 대수가 가장 많은 시 두 곳을 순서대로 나열한 것은?

☑ 이해도 ○ △ ×

① A, B
② C, A
③ C, D
④ D, A
⑤ D, B

17

☑ 이해도 ○ △ ×

11%의 소금물 100g에 5%의 소금물을 섞어 10%의 소금물을 만들려고 한다. 이때 5%의 소금물은 몇 g인가?

① 10g
② 20g
③ 30g
④ 40g
⑤ 50g

18

☑ 이해도 ○ △ ×

다음 중 계산 결과가 주어진 식과 같은 것은?

$$70.668 \div 151 + 6.51$$

① $3.79 \times 10 - 30.922$
② $6.1 \times 1.2 - 1.163$
③ $89.1 \div 33 + 5.112$
④ $9.123 - 1.5 \times 1.3$
⑤ $7.856 - 2.8 \times 1.5$

19

☑ 이해도 ○ △ ×

A는 기계에 들어갈 부품을 하청업체에 맡길지 자가 생산할지 고민하고 있다. 하청업체에서 부품을 만들 경우 '기본 생산량'이 만개이며 단가는 280원이고, 자가 생산의 경우 단가는 270원이지만 설비 비용 20만원이 추가적으로 든다. 하청업체에 부품 만개를 구매할 때, 자가 생산과 대비해서 얻을 수 있는 손익은?

① 20만원 이익
② 10만원 이익
③ 10만원 손해
④ 20만원 손해
⑤ 차이가 없다.

20

☑ 이해도 ○ △ ×

A가 컴퓨터를 수리하는 데 2시간 10분이 걸린다. 컴퓨터 수리를 오후 3시 35분부터 시작했을 때, 수리를 마쳤을 때 시침과 분침이 이루는 내각은 얼마인가?

① 95°
② 97.5°
③ 100°
④ 102.5°
⑤ 105°

21

☑ 이해도 ○ △ ×

3월 2일은 금요일이다. 한 달 후인 4월 2일은 무슨 요일인가?

① 월요일
② 화요일
③ 수요일
④ 목요일
⑤ 금요일

22

☑ 이해도 ○ △ ×

민솔이네 가족은 S통신사를 이용한다. 민솔이는 79분을 사용하여 20,950원, 아빠는 90분을 사용하여 21,390원의 요금을 청구받았다. S통신사의 요금 부과 규칙이 다음 〈조건〉과 같을 때, 101분을 사용한 엄마의 통화요금은?

조 건

- 60분 이하 사용 시 기본요금 x원이 부과됩니다. … (1)
- 60분 초과 사용 시 (1) 요금에 초과한 시간에 대한 1분당 y원이 추가로 부과됩니다. … (2)
- 100분 초과 시 (2) 요금에 초과한 시간에 대한 1분당 $2y$원이 추가로 부과됩니다.

① 21,830원
② 21,870원
③ 21,900원
④ 21,930원
⑤ 21,960원

23

☑ 이해도 ○ △ ×

다음과 같은 바둑판 도로망이 있다. 갑은 A지점에서 출발하여 B지점까지 최단 거리로 이동하고 을은 B지점에서 출발하여 A지점까지 최단 거리로 이동한다. 갑과 을이 동시에 출발하여 같은 속력으로 이동할 때, 갑과 을이 만나는 경우의 수는?

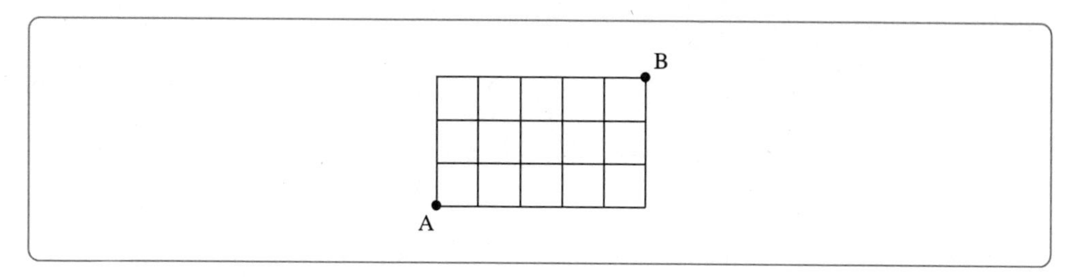

① 244가지
② 574가지
③ 867가지
④ 1,184가지
⑤ 1,342가지

24

☑ 이해도

○ △ ×

S씨는 퇴직 후 네일아트를 전문적으로 하는 뷰티숍을 개점하기 위해서 평소 눈여겨 본 지역의 고객 분포를 알아보기 위해 직접 설문조사를 하였다. 설문조사 결과가 다음과 같을 때, S씨가 이해한 내용으로 옳은 것은?(단, 복수응답과 무응답은 없다)

〈응답자의 연령대별 방문횟수〉

(단위 : 명)

방문횟수 \ 연령대	20~25세	26~30세	31~35세	합계
1회	19	12	3	34
2~3회	27	32	4	63
4~5회	6	5	2	13
6회 이상	1	2	0	3
합계	53	51	9	113

〈응답자의 직업〉

(단위 : 명)

직업	응답자
학생	49
회사원	43
공무원	2
전문직	7
자영업	9
가정주부	3
합계	113

① 전체 응답자 중 20~25세 응답자가 차지하는 비율은 50% 이상이다.

② 26~30세 응답자 중 4회 이상 방문한 응답자 비율은 10% 이상이다.

③ 31~35세 응답자의 1인당 평균 방문횟수는 2회 미만이다.

④ 전체 응답자 중 직업이 학생 또는 공무원인 응답자 비율은 50% 이상이다.

⑤ 전체 응답자 중 20~25세인 전문직 응답자 비율은 5% 미만이다.

※ C자동차 회사는 2022년까지 자동차 엔진마다 시리얼 번호를 부여할 계획이며, 부여 방식은 아래와 같다. 이어지는 질문에 답하시오. **[25~26]**

첫째 자리 수 = 제조년												
1997년	1998년	1999년	2000년	2001년	2002년	2003년	2004년	2005년	2006년	2007년	2008년	2009년
V	W	X	Y	1	2	3	4	5	6	7	8	9
2010년	2011년	2012년	2013년	2014년	2015년	2016년	2017년	2018년	2019년	2020년	2021년	2022년
A	B	C	D	E	F	G	H	J	K	L	M	N

둘째 자리 수 = 제조월											
1월	2월	3월	4월	5월	6월	7월	8월	9월	10월	11월	12월
A	C	E	G	J	L	N	Q	S	U	W	Y
B	D	F	H	K	M	P	R	T	V	X	Z

※ 셋째 자리 수부터 여섯째 자리 수까지는 엔진이 생산된 순서의 번호이다.

25

다음 중 시리얼 번호가 옳게 표시된 것은?

☑ 이해도 ○ △ ×

① OQ3258
② LI2316
③ SU3216
④ HS1245
⑤ NO1498

26

1997년~2000년, 2014년~2018년에 생산된 엔진을 분류하려 할 때 해당되지 않는 엔진의 시리얼 번호는?

☑ 이해도 ○ △ ×

① FN4568
② HH2314
③ WS2356
④ YL3568
⑤ DU6548

※ A회사는 1년에 15개의 연차(연간 자유롭게 사용 가능한 휴식일)를 제공하고, 매달 3개까지 연차를 쓸 수 있다. 이어지는 질문에 답하시오. **[27~28]**

〈A~E사원의 연차 사용 내역(1~9월)〉

1~2월	3~4월	5~6월	7~9월
• 1월 9일 : D, E사원 • 1월 18일 : C사원 • 1월 20~22일 : B사원 • 1월 25일 : D사원	• 3월 3~4일 : A사원 • 3월 10~12일 : B, D사원 • 3월 23일 : C사원 • 3월 25~26일 : E사원	• 5월 6일~8일 : E사원 • 5월 12일~14일 : B, C사원 • 5월 18일~20일 : A사원	• 7월 7일 : A사원 • 7월 18~20일 : C, D사원 • 7월 25일~26일 : E사원 • 9월 9일 : A, B사원 • 9월 28일 : D사원

27 연차를 가장 적게 쓴 사원은?

이해도 ○ △ ×

① A사원
② B사원
③ C사원
④ D사원
⑤ E사원

28 A회사에서는 11월을 집중 근무기간으로 정하여 연차를 포함한 휴가를 전면 금지할 것이라고 9월 30일 발표하였다. 앞으로 휴가에 관한 손해를 보지 않는 사원은?

이해도 ○ △ ×

① A, C사원
② B, C사원
③ B, D사원
④ C, D사원
⑤ D, E사원

※ 다음은 사회취약계층 주택개보수 사업에 관한 공문이다. 이를 읽고 이어지는 질문에 답하시오. [29~30]

사회취약계층 주택개보수 사업

1. 목 적

사회취약계층이 소유한 노후·불량 주택을 개보수하여 저소득층 정주 여건 개선

2. 사업개요

① 근거 : 사회취약계층 주택개보수 사업 시행계획(국토교통부)

② 신청대상

• 기초생활수급자 또는 탈수급자 중 희망키움통장 가입자

※ 희망키움통장 : 일하는 수급자의 탈빈곤 촉진을 위한 통장(복지부·지자체)

• 위 대상자 중 노후 자가주택 소유자

③ 보조금(호당) : 600만원 지원(국비 80%, 시비 20%)

④ 사업시행자 : ㅇㅇ공사

⑤ 사업항목

• 구조안전 및 세대 내부 환경개선

– 지붕·천장·기둥·벽체·바닥 등 구조안전 강화

– 세대 내부 구조개선(욕실과 주방 분리, 화장실 구조개선 등)

– 급수·배수 등 기계시설, 누전차단기 등 전기시설 개보수

• 그린홈 사업

– 창호 교체, 새시 설치, 단열 시공 등

3. 추진실적

(단위 : 호, 백만원)

구분		합계	2015년	2016년	2017년
사회취약계층 주택개보수	호수	258	63	115	80
	사업비	1,548	378	690	480

29

문서의 내용과 일치하지 않는 것은?

☑ 이해도

○ △ ×

① 위 사업의 목적은 사회취약계층이 소유한 노후·불량 주택을 개보수하여 저소득층 정주 여건을 개선하는 것이다.

② 호당 600만원의 보조금 중 국비는 480만원이다

③ 사업항목에는 크게 구조안전 및 세대 내부 환경개선과 그린홈 사업 두 가지가 있다.

④ 2016년도 사회취약계층 주택개보수 사업비는 6,900만원이다.

⑤ 위 사업은 국토교통부의 사회취약계층 주택개보수 사업 시행계획을 근거로 ㅇㅇ공사가 시행한다.

30

☑ 이해도 ○ △ ×

다음 중 사업을 신청할 수 있는 요건을 갖춘 사람은?

이름	기초생활수급자	탈수급자	희망키움통장 가입	노후 자가주택 소유
지환	×	○	○	×
근석	×	○	○	○
한서	○	×	○	×
성하	○	×	×	○
지원	○	×	×	×

① 지환
② 근석
③ 한서
④ 성하
⑤ 지원

31

☑ 이해도 ○ △ ×

A는 K공사 사내 여행 동아리의 회원으로 이번 주말에 가는 여행에 반드시 참가할 계획이다. 다음 〈조건〉에 따를 때, 여행에 참가하는 사람을 모두 고르면?

조 건

- C가 여행에 참가하지 않으면, A도 여행에 참가하지 않는다.
- E가 여행에 참가하지 않으면, B는 여행에 참가한다.
- D가 여행에 참가하지 않으면, B도 여행에 참가하지 않는다.
- E가 여행에 참가하면, C는 여행에 참가하지 않는다.

① A, B
② A, B, C
③ A, B, D
④ A, B, C, D
⑤ A, C, D, E

32 다음은 일정한 규칙으로 배열한 수열이다 빈칸에 들어갈 알맞은 수는?

이해도 ○ △ ×

12	6	8	4	6	3	

① 4
② 5
③ 10
④ 12
⑤ 16

33 다음 문자와 숫자는 일정한 규칙에 따라 나열되어 있다. A, B, C에 들어갈 알맞은 숫자 조합을 고르면?

이해도 ○ △ ×

6, 15, 24	1, 14, 20	A, B, C	2, 9, 7	3, 15, 23	5, 1, 18
FOX	ANT	TRY	BIG	COW	EAR

① 20, 18, 25
② 22, 18, 21
③ 5, 18, 17
④ 23, 19, 25
⑤ 20, 19, 24

34 다음에 제시된 단어에서 유추할 수 있는 것은?

이해도 ○ △ ×

말, 표, 빼다

① 속도
② 가격
③ 꼬리
④ 행동
⑤ 버릇

35

☑ 이해도

○ △ ×

매주 금요일은 마케팅팀 동아리가 있는 날이다. 동아리 회비를 담당하고 있는 F팀장은 점심시간 후, 회비가 감쪽같이 사라진 것을 발견했다. 점심시간 동안 사무실에 있었던 사람은 A, B, C, D, E이고, 이들 중 2명은 범인이고, 3명은 범인이 아니다. 〈보기〉에서 범인은 거짓말을 하고, 범인이 아닌 사람은 진실을 말한다고 할 때, 다음 중 옳은 것을 고르면?

보 기

- A는 B, D 중 한 명이 범인이라고 주장한다.
- B는 C가 범인이라고 주장한다.
- C는 B가 범인이라고 주장한다.
- D는 A가 범인이라고 주장한다.
- E는 A와 B가 범인이 아니라고 주장한다.

① A와 D 중 범인이 있다.
② B가 범인이다.
③ C와 E가 범인이다.
④ A가 범인이다.
⑤ 범인이 누구인지 주어진 조건만으로는 알 수 없다.

36

☑ 이해도

○ △ ×

다음과 같이 일정한 규칙으로 수를 나열할 때, 빈칸에 들어갈 알맞은 수는?

216 ( ) 324 432 486 576 729 768

① 280
② 324
③ 340
④ 384
⑤ 400

37 이해도 ○ △ ×

다음 〈보기〉의 명제가 모두 참일 때, 빈칸에 들어갈 명제로 가장 적절한 것은?

보 기

- 음악을 좋아하는 사람은 상상력이 풍부하다.
- 음악을 좋아하지 않는 사람은 노란색을 좋아하지 않는다.
- ______________________________

① 노란색을 좋아하지 않는 사람은 음악을 좋아한다.
② 음악을 좋아하지 않는 사람은 상상력이 풍부하지 않다.
③ 상상력이 풍부한 사람은 노란색을 좋아하지 않는다.
④ 노란색을 좋아하는 사람은 상상력이 풍부하다.
⑤ 상상력이 풍부하지 않은 사람은 음악을 좋아한다.

38 이해도 ○ △ ×

낮 12시경 준표네 집에 도둑이 들었다. 목격자에 의하면 도둑은 한 명이다. 이 사건의 용의자로는 A~E가 있고, 이들의 진술 내용은 다음 〈보기〉와 같다. 이 다섯 사람 중 오직 두 명만이 거짓을 말하고 있으며 거짓을 말하는 두 명 중 한 명이 범인이라면, 누가 범인인가?

보 기

A : 나는 사건이 일어난 낮 12시에 학교에 있었어.
B : 그날 낮 12시에 나는 A, C와 함께 있었어.
C : B는 그날 낮 12시에 A와 부산에 있었어.
D : B의 진술은 참이야.
E : C는 그날 낮 12시에 나와 단둘이 함께 있었어.

① A
② B
③ C
④ D
⑤ E

※ 다음 도식에서 기호들은 일정한 규칙에 따라 문자를 변화시킨다. ?에 들어갈 문자로 옳은 것을 고르시오(단, 규칙은 가로와 세로 중 한 방향으로만 적용된다). **[39~40]**

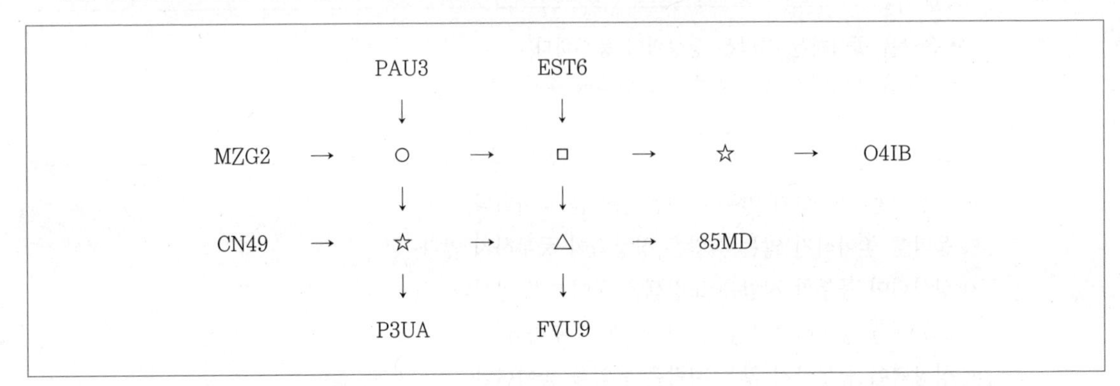

39

☑ 이해도 ○ △ ×

JLMP → ○ → □ → ?

① NORL
② LNOK
③ RONL
④ MPQM
⑤ ONKK

40

☑ 이해도 ○ △ ×

DRFT → □ → ☆ → ?

① THVF
② EUGW
③ SGQE
④ VHTF
⑤ DTFR

41 다음 주어진 표를 통해 제시된 단어를 알맞게 변형한 것을 고르시오.

☑ 이해도 ○ △ ×

1He5C2w6

ㄱ	ㄴ	ㄷ	ㄹ	ㅁ	ㅂ	ㅅ	ㅇ	ㅈ	ㅊ	ㅋ	ㅌ
1	z	v	2	i	E	w	e	y	5	j	k
ㅍ	ㅎ	ㅏ	ㅑ	ㅓ	ㅕ	ㅗ	ㅛ	ㅜ	ㅠ	ㅡ	ㅣ
B	9	C	7	6	H	X	3	F	4	g	a

① 경찰소
② 경찰서
③ 길청소
④ 벽난로
⑤ 경찰청

42 다음 표에 제시되지 않은 문자를 고르시오.

☑ 이해도 ○ △ ×

제도	강도	효도	주도	보도	기도	생도	포도	천도	구도	무도	수도
상도	조도	파도	지도	왕도	편도	천도	고도	위도	다도	학도	적도
조도	무도	생도	천도	적도	효도	위도	보도	고도	파도	천도	상도
지도	주도	편도	강도	기도	학도	제도	다도	포도	수도	왕도	제도

① 주도
② 포도
③ 고도
④ 매도
⑤ 학도

43

☑ 이해도

○	△	×

다음 중 나머지 넷과 다른 것을 고르시오.

① 도리(道理)나정도(正道)

② 도리(道理)나정도(汀道)

③ 도리(道理)나정도(正道)

④ 도리(道理)나정도(正道)

⑤ 도리(道理)나정도(正道)

44

☑ 이해도

○	△	×

다음 제시된 숫자의 배열과 같은 것을 고르시오.

36551−69−35758

① 36551−96−35758

② 35758−69−36551

③ 36551−69−35758

④ 36551−69−36551

⑤ 36551−66−35758

45

☑ 이해도

○	△	×

다음 제시된 도형을 만들기 위해 필요한 블록의 개수는?(단, 보이지 않는 곳의 블록은 있다고 가정한다)

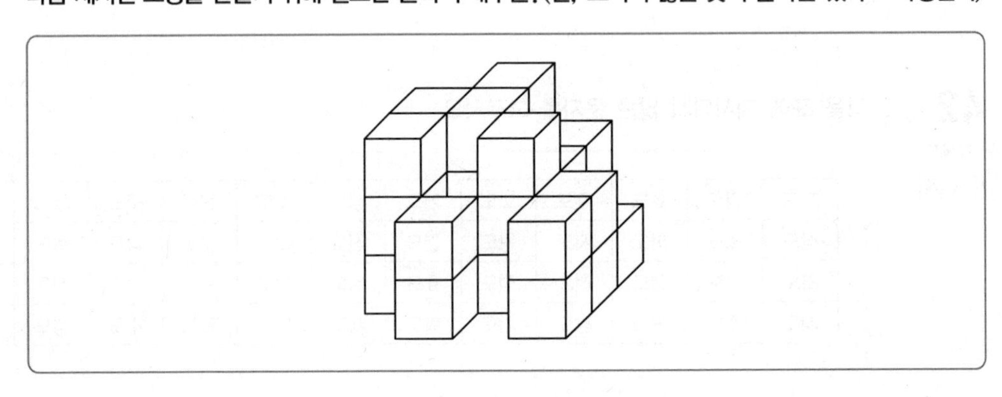

① 27개

② 29개

③ 30개

④ 31개

⑤ 32개

46 다음 제시된 도형의 규칙을 보고 ?에 들어갈 도형으로 옳은 것은?

☑ 이해도

○	△	×

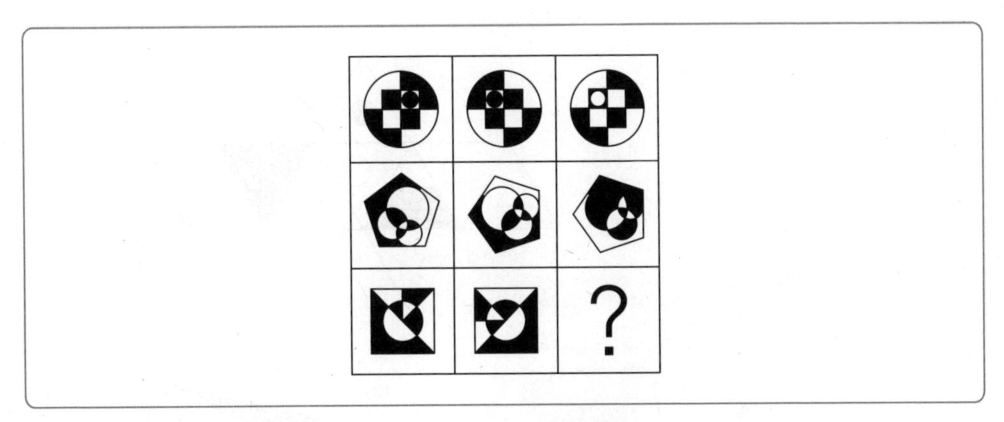

①
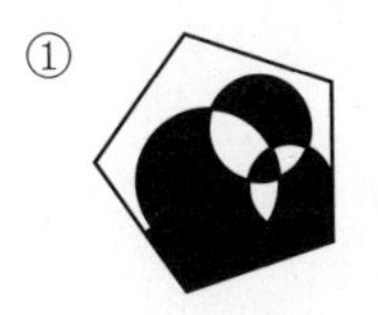

②
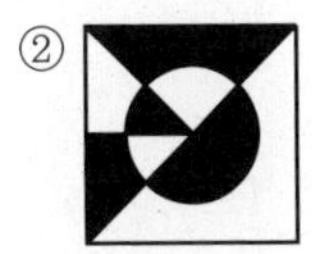

③
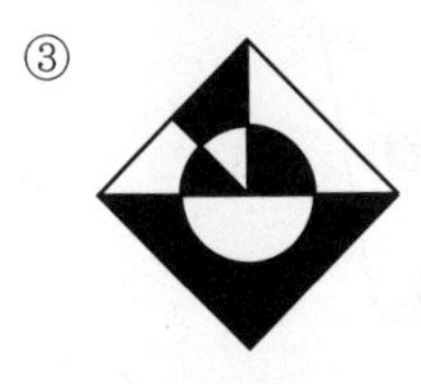

④
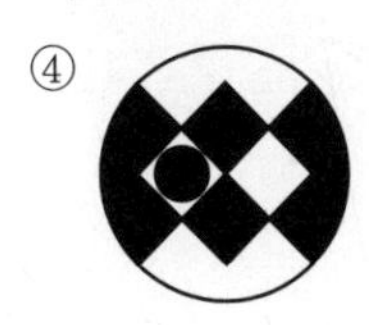

⑤
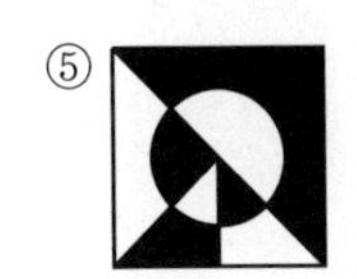

47 다음 제시된 전개도를 접었을 때 나타나는 입체도형으로 옳은 것은?

☑ 이해도

○	△	×

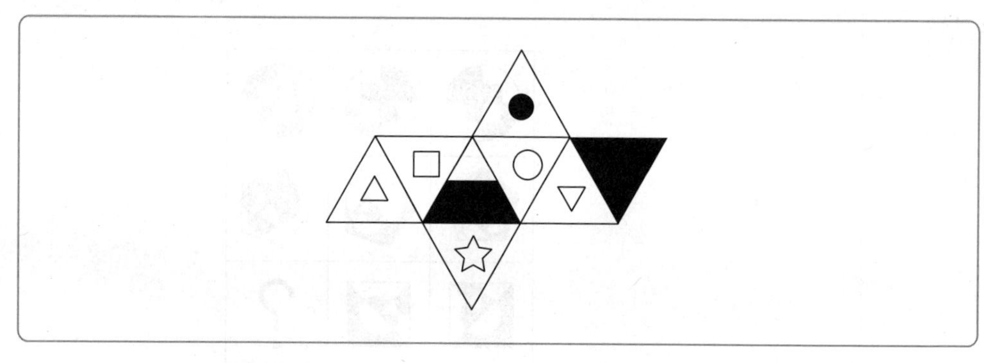

①

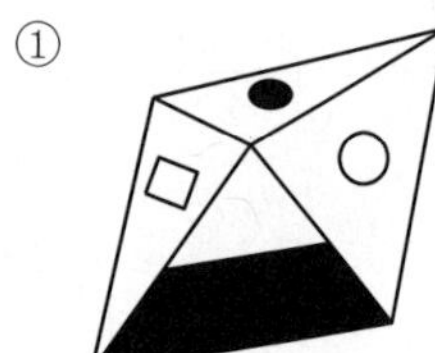

②

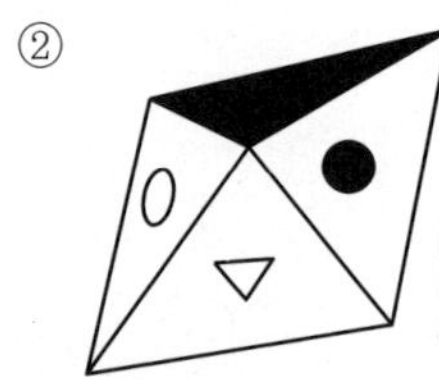

③

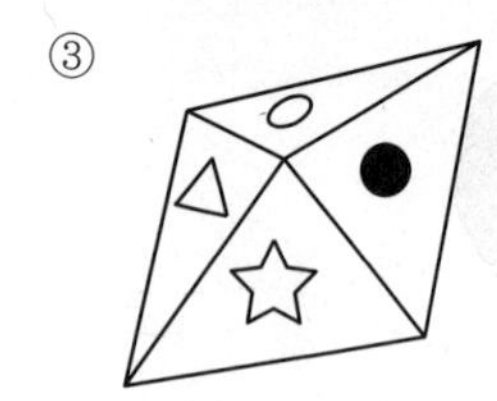

④

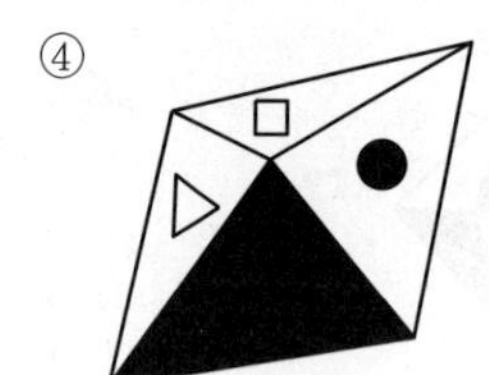

⑤

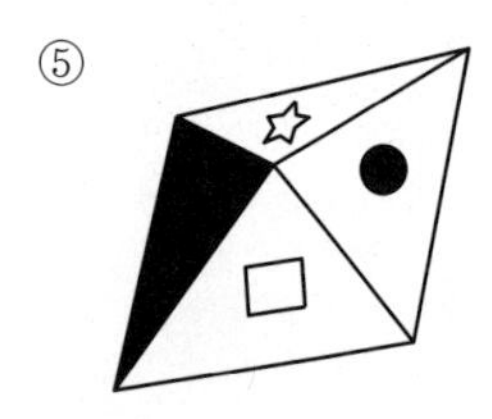

48 다음 제시된 단어와 같거나 비슷한 뜻을 가진 것은?

☑ 이해도 ○ △ ×

access

① expense
② approach
③ support
④ budget
⑤ road

49 다음 문장의 빈칸에 들어갈 말로 알맞은 것은?

☑ 이해도 ○ △ ×

The left side of the human brain _________ language.

① controls
② to control
③ controlling
④ is controlled
⑤ are controlled

50 다음 글에 나타난 사람의 직업은?

☑ 이해도 ○ △ ×

This man is someone who performs dangerous acts in movies and television, often as a carrier. He may be used when an actor's age precludes a great amount of physical activity or when an actor is contractually prohibited from performing risky acts.

① conductor
② host
③ acrobat
④ stunt man
⑤ fire fighter

아이들이 답이 있는 질문을 하기 시작하면 그들이 성장하고 있음을 알 수 있다.

-존 J. 플롬프-

최종모의고사
제2회

영역 및 시험시간

영역	문항 수	시험시간
의사소통능력 + 수리능력 + 문제해결능력 + 추리능력 + 지각능력 + 영어능력	50문항	50분

제2회 | 최종모의고사(기본형)

정답 p.138

01 | 의사소통능력

01 다음과 같은 글의 개요에서 ㉠과 ㉡에 들어갈 내용으로 가장 적절한 것은?

☑ 이해도 ○ △ ×

> 제목 : (㉠)
>
> 서론 : 환경의 심각성이 날로 도를 더해 간다.
>
> 본론
> 1. 환경오염 현상에 대한 우리의 반응
>   (1) 부정적 모습 : 환경오염을 남의 일인 양 생각하는 모습
>   (2) 긍정적 모습 : 환경오염의 심각성을 깨닫고 적극적으로 나서는 모습
> 2. 환경오염의 심각성을 깨닫지 못하는 사람
>   (1) 잠시의 편안함을 위해 주위 환경을 함부로 훼손하는 사람
>   (2) 다른 사람의 환경오염에 대해 참견을 하려고 하지 않는 사람
> 3. 환경오염 방지에 적극적으로 나서는 사람
>   (1) 자신부터 환경을 오염시키지 않으려는 사람
>   (2) 환경오염 방지는 물론 쾌적한 환경을 위해 노력하는 사람
>
> 결론 : (㉡)

① ㉠ : 환경오염에 대한 인식
   ㉡ : 쾌적한 환경을 유지하기 위해 전 국민적인 노력이 필요하다.

② ㉠ : 환경오염 방지의 생활화
   ㉡ : 환경오염 방지를 위한 정부의 대책 마련이 시급하다.

③ ㉠ : 환경보호의 중요성
   ㉡ : 우리가 물려받은 환경을 우리의 후손에게 물려주어야 한다.

④ ㉠ : 자연적 환경과 문화적 환경
   ㉡ : 자연적 환경뿐만 아니라 문화적 환경에 대한 중요성을 강조한다.

⑤ ㉠ : 환경오염의 원인
   ㉡ : 환경보호를 위한 방법

02 글의 구조에 따라 다음 문단들을 세 부분으로 나눌 때 가장 적절한 것은?

☑ 이해도

○ △ ×

(가) 오늘날과 같이 자본주의가 꽃을 피우게 된 가장 결정적인 이유는 생산력의 증가에 있었다. 그 시초는 16세기에서 18세기까지 지속된 영국의 섬유 공업의 발달이었다. 그 시기에 영국 섬유 공업은 비약적으로 생산력이 발달하여 소비를 빼고 남은 생산 잉여가 과거와는 비교할 수 없을 만큼 엄청난 양으로 증가하였다. 생산량이 증대했음에도 불구하고 소비는 과거 시절과 비슷한 정도였으므로 생산 잉여는 당연한 것이었다.

(나) 물론 그 이전에도 이따금 생산 잉여가 발생했지만 그렇게 남은 이득은 대개 경제적으로 비생산적인 분야에 사용되었다. 이를테면 고대에는 이집트의 피라미드를 짓는 데에, 그리고 중세에는 유럽의 대성당을 건축하는 데에 그것을 쏟아 부었던 것이다. 그러나 자본주의 시대의 서막을 올린 영국의 섬유 공업의 생산 잉여는 종전과는 달리 공업 생산을 더욱 확장하는 데 재투자되었다.

(다) 더구나 새로이 부상한 시민 계급의 요구에 맞춰 성립된 국민 국가의 정책은 경제 발전에 필수적인 단일통화제도와 법률제도 등의 사회적 조건을 만들어 주었다. 자본주의가 점차 사회적으로 공인되어 감에 따라 그에 맞게 화폐제도나 경제와 관련된 법률제도도 자본주의적 요건에 맞게 정비되었던 것이다.

(라) 이러한 경제적 · 사회적 측면 이외에 정신적인 측면에서 자본주의를 가능하게 한 계기는 종교개혁이었다. 잘 알다시피 16세기 독일의 루터(M. Luther)가 교회의 면죄부 판매에 대해 85개조 반박문을 교회 벽에 내걸고 교회에 맞서 싸우면서 시작된 종교 개혁의 결과, 구교에서부터 신교가 분리되기에 이르렀다. 가톨릭의 교리에서는 현실적인 부, 즉 재산을 많이 가지는 것을 금기시하고 현세에서보다 내세에서의 행복을 강조했다. 그러면서도 막상 내세와 하느님의 사도인 교회와 성직자들은 온갖 부정한 방법으로 축재하고 농민들을 착취했으니 실로 아이러니가 아닐 수 없었다.

(마) 당시의 타락한 가톨릭교회에 대항하여 청교도라 불린 신교 세력의 이념은 기도와 같은 종교적 활동 외에 현실에서의 세속적 활동도 하느님의 뜻에 어긋나는 것이 아니라고 가르쳤다. 특히, 정당한 방법으로 재산을 모은 것은 근면하고 부지런하게 살았다는 증표이며, 오히려 하느님의 영광을 나타내 보인다는 것이었다. 기업의 이윤 추구는 하느님이 '소명'하신 것이며, 돈을 빌려주고 이자를 받는 일도 부도덕한 것이 아니었다. 재산은 중요한 미덕이므로 경제적 불평등은 정당화될 수 있었다. 근면한 사람은 부자인 것이 당연하고 게으른 사람은 가난뱅이일 수밖에 없다고 생각했던 것이다. 이러한 이념은 도시의 상공업적 경제 질서를 옹호해 주었으므로 한창 떠오르고 있는 시민 계급의 적극적인 호응을 받았다. 현세에서의 성공이 장차 천국의 문으로 들어갈 수 있는 입장권이라는 데 반대할 자본가는 아무도 없었다.

① (가) | (나) + (다) | (라) + (마)
② (가) | (나) + (다) + (라) | (마)
③ (가) + (나) | (다) | (라) + (마)
④ (가) + (나) | (다) + (라) | (마)
⑤ (가) + (나) + (다) | (라) | (마)

03 다음 글에서 ㉠~㉤의 수정 방안으로 적절하지 않은 것은?

☑ 이해도 ○ △ ×

수험생이 실제로 하고 있는 건강관리는 전문가들이 추천하는 건강관리 활동과 차이가 있다. 수험생들은 건강이 나빠지면 가장 먼저 보양 음식을 챙겨 먹는 것으로 ㉠ 건강을 되찾으려고 한다. ㉡ 수면 시간을 늘리는 것으로 건강관리를 시도한다. 이러한 시도는 신체에 적신호가 켜졌을 때 컨디션 관리를 통해 그것을 해결하려고 하는 자연스러운 활동으로 볼 수 있다. ㉢ 그래서 수험생은 다른 사람들보다 학업에 대한 부담감과 미래에 대한 불안감, 시험에서 오는 스트레스가 높다는 점을 생각해본다면 신체적 건강과 정신적 건강의 연결고리에 대해 생각해봐야 한다. 실제로 ㉣ 전문가들이 수험생 건강관리를 위한 조언을 보면 정신적 스트레스를 다스리는 것이 중요하다는 점을 알 수 있다. 수험생의 건강에 가장 악영향을 끼치는 것은 자신감과 긍정적인 생각의 부족이다. 시험에 떨어지거나 낮은 성적을 받는 것에 대한 심리적 압박감이 건강을 크게 위협한다는 것이다. ㉤ 성적에 대한 부담감은 누구에게나 있지만 성적을 통해서 인생이 좌우되는 것은 아니다. 전문가들은 수험생에게 명상을 하면서 마음을 진정하는 것과 취미 활동을 통해 긴장을 완화하는 것이 스트레스의 해소에 도움이 된다고 조언한다.

① ㉠ : 의미를 분명히 하기 위해 '건강을 찾으려고 한다'로 수정한다.
② ㉡ : 자연스러운 연결을 위해 '또한'을 앞에 넣는다.
③ ㉢ : 앞뒤 내용이 전환되므로 '하지만'으로 바꾼다.
④ ㉣ : 호응 관계를 고려하여 '전문가들의 수험생 건강관리를 위한 조언'으로 수정한다.
⑤ ㉤ : 글의 전개상 불필요한 내용이므로 삭제한다.

04 다음 글에서 (가)~(마) 중 글의 흐름상 필요 없는 문장은?

☑ 이해도 ○ △ ×

가을을 맞아 기획바우처 행사가 전국 곳곳에서 마련된다. (가) 기획바우처는 문화소외계층을 상대로 '모셔오거나 찾아가는' 맞춤형 예술 체험 프로그램이다. (나) 서울 지역의 '함께 하는 역사 탐방'은 독거노인을 모셔 와서 역사 현장을 찾아 연극을 관람하고 체험하는 프로그램이다. (다) 경기도에서도 가족과 함께 낭만과 여유를 즐길 수 있는 다양한 문화행사를 준비하고 있다. (라) 강원도 강릉과 영월에서는 저소득층 자녀를 대상으로 박물관 관람 프로그램을 준비하고 있다. (마) 부산 지역의 '어울림'은 방문 공연 서비스로서 지역예술가들이 가난한 동네를 돌아다니며 직접 국악, 클래식, 미술 등 재능을 기부하는 것이다.

① (가)
② (나)
③ (다)
④ (라)
⑤ (마)

05 아래의 글에서 〈보기〉의 문장이 들어갈 위치로 가장 적절한 것은?

☑ 이해도
○ △ ×

밥상에 오르는 곡물이나 채소가 국내산이라고 하면 보통 그 종자도 우리나라의 것으로 생각하기 쉽다. (가) 하지만 실상은 벼, 보리, 배추 등을 제외한 많은 작물의 종자를 수입하고 있어 그 자급률이 매우 낮다고 한다. (나) 또한 청양고추 종자는 우리나라에서 개발했음에도 현재는 외국 기업이 그 소유권을 가지고 있다. (다) 국내 채소 종자 시장의 경우 종자 매출액의 50%가량을 외국 기업이 차지하고 있다는 조사 결과도 있다. (라) 이런 상황이 지속될 경우, 우리 종자를 심고 키우기 어려워질 것이고 종자를 수입하거나 로열티를 지급하는 데 지금보다 훨씬 많은 비용이 들어가는 상황도 발생할 수 있다. (마) 또한 전문가들은 세계 인구의 지속적인 증가와 기상 이변 등으로 곡물 수급이 불안정하고, 국제 곡물 가격이 상승하는 상황을 고려할 때, 결국에는 종자 문제가 식량 안보에 위협 요인으로 작용할 수 있다고 지적한다.

보 기

양파, 토마토, 배 등의 종자 자급률은 약 16%, 포도는 약 1%에 불과할 정도다.

① (가)
② (나)
③ (다)
④ (라)
⑤ (마)

06 다음 문장을 논리적 순서대로 바르게 배열한 것은?

☑ 이해도
○ △ ×

(A) 친환경 농업은 최소한의 농약과 화학비료만을 사용하거나 전혀 사용하지 않은 농산물을 일컫는다. 친환경 농산물이 각광받는 이유는 우리가 먹고 마시는 것들이 우리네 건강과 직결되기 때문이다.

(B) 사실상 병충해를 막고 수확량을 늘리는 데 있어, 농약은 전 세계에 걸쳐 관행적으로 사용됐다. 깨끗이 씻어도 쌀에 남아있는 잔류농약을 완전히 제거하기는 어렵다. 잔류농약은 아토피와 각종 알레르기를 유발하며, 출산율의 저하와 유전자 변이의 원인이 되기도 한다. 특히 제초제 성분이 체내에 들어올 경우, 면역체계에 치명적인 손상을 일으킨다.

(C) 미국 환경보호청은 제초제 성분의 60%를 발암물질로 규정했다. 결국 더 많은 농산물을 재배하기 위한 농약과 제초제 사용이 오히려 인체에 치명적인 피해를 줄지 모를 '잠재적 위험요인'으로 자리매김한 셈이다.

① (A) – (B) – (C)
② (B) – (A) – (C)
③ (B) – (C) – (A)
④ (C) – (A) – (B)
⑤ (C) – (B) – (A)

07 다음 글을 읽고 빈칸에 들어갈 알맞은 말은?

☑ 이해도

○	△	×

학생 : 오늘은 철학을 담당하고 계신 홍길동 선생님을 모시고 말씀을 나눠보도록 하겠습니다. 선생님, 안녕하십니까?

교사 : 안녕하십니까?

학생 : 저희 학생들은 대개 철학을 실제 생활과 별 관계가 없다고 생각합니다. 철학 수업 내용도 어렵다고 생각하고요.

교사 : 보통 학생들은 철학을 자신과 관계가 없고 어려운 것이라 생각합니다. 하지만 사실은 그렇지 않아요. 여러분들은 철학을 하고 있어요. 학생들은 사춘기를 맞아 많은 고민을 하고 있죠. 어른이 되기 위한 관문을 통과하는 의례라고도 할 수 있습니다. 이 시기에는 삶에 대해서 진지하게 생각하는 모습을 볼 수 있습니다. 삶이란 무엇인지, 어떻게 살 것인지, 장래 무엇을 할 것인지 등에 대해 고민하고, 친구와 대화를 나누기도 하고, 책을 읽어 보기도 하죠. 이런 행위들이 바로 철학을 하는 것입니다. 그런데 나이가 들면서 생활에 매달리다 보면 이런 고민을 사치라고 생각하는 사람이 많아집니다. 이런 생각은 철학을 잘못 이해하기 때문에 생긴 겁니다.

학생 : 좀 더 구체적으로 말씀해 주세요.

교사 : '나무는 보고 숲은 보지 못한다'라는 말은 들어 봤죠? 물론 그 뜻도 알고 있겠습니다마는, 부분만을 봐서는 안 되고 전체를 봐야 한다는 뜻이죠. 그런데 이런 철학적 교훈은 일상생활에서 나온 겁니다. 살아가면서 얻은 교훈을 비유적으로 표현한 것이죠. (　　　　　　　) 철학은 이처럼 단편적인 사실들이 서로 어떤 관계에 있는가를 주목하는 겁니다. 철학은 거창한 것이 아닌 생각의 방법입니다. 우리는 살아가는 과정에서 순간순간 선택을 하기 위해 생각을 하게 되죠? 우리는 이럴 때마다 철학을 하는 겁니다. 선택의 기준은 자신의 생활신조이고요, 이 신조는 우리의 생활체험 속에서 스스로 얻은 것이겠지요.

① 나무는 각각 그 자체로 의미가 있는 것입니다.

② 숲을 이루는 나무는 전체적으로 통일되어 있어요.

③ 전체의 의미가 중요하기에 나무보다는 숲을 봐야 하지요.

④ 나무는 다른 나무와 관계를 가지면서 숲을 이루고 있어요.

⑤ 나무와 숲은 같은 선상에서 보아야 한다는 것입니다.

08

☑ 이해도
○ △ ×

다음 중 밑줄 친 ㉠과 ㉡의 관계와 가장 유사한 것은?

> 남성적 특성과 여성적 특성을 모두 가지고 있는 사람은 남성적 특성 혹은 여성적 특성만 지니고 있는 사람에 비하여 훨씬 더 다양한 ㉠ 자극에 대해 다양한 ㉡ 반응을 보일 수 있다. 이렇게 여러 개의 반응 레퍼토리를 가지고 있다는 것은 다시 말하면, 그때그때 상황의 요구에 따라 적합한 반응을 보일 수 있다는 것이며, 이는 곧 사회적 환경에 더 유연하고 효과적으로 대처할 수 있다는 것을 의미한다.

① 개인 - 사회
② 정신 - 육체
③ 물고기 - 물
④ 입력 - 출력
⑤ 후보자 - 당선자

09

☑ 이해도
○ △ ×

다음 중 관계가 다른 하나는?

① 추적 - 수사
② 구속 - 속박
③ 구획 - 경계
④ 귀향 - 귀성
⑤ 과실 - 고의

10

☑ 이해도
○ △ ×

다음 주어진 내용에 해당하는 속담은?

> 어떤 일이든지 하려고 생각했으면 한창 열이 올랐을 때 망설이지 말고 곧 행동으로 옮겨야 함

① 단김에 소뿔 빼기
② 남의 말도 석 달
③ 냉수 먹고 이 쑤시기
④ 단솥에 물 붓기
⑤ 가마 타고 옷고름 단다.

11 다음 글의 요지를 관용적으로 잘 표현한 것은?

☑ 이해도

○	△	×

우리가 처한 현실이 어렵다는 것은 사실입니다. 그러나 이럴 때일수록 우리가 할 수 있는 일이 무엇인가를 냉철히 생각해 보아야겠지요. 급한 마음에 표면적으로 나타나는 문제만 해결하려 했다가는 문제를 더 나쁘게 만들 수도 있는 일이니까요. 가령 말입니다, 우리나라에 닥친 경제 위기가 외환 위기라 하여 무조건 외제 상품을 배척하는 일은 옳지 않다는 겁니다. 물론 무분별한 외제 선호 경향은 이 기회에 우리가 뿌리 뽑아야겠지요. 그렇게 함으로써 불필요한 외화 유출을 막고, 우리의 외환 부족 사태를 해소할 수도 있을 테니까요.

그러나 우리나라는 경제 여건상 무역에 의존할 수밖에 없는 나라입니다. 다시 말해 수출을 하지 않으면 우리의 경제를 원활히 운영하기가 어려운 나라입니다. 그런데 우리가 무조건 외제 상품을 구매하지 않는다면, 다른 나라의 반발을 초래할 수가 있습니다. 즉, 그들도 우리의 상품을 구매하지 않는다는 것이죠. 그렇게 된다면 우리의 경제는 더욱 열악한 상황으로 빠져 들게 된다는 것은 불을 보듯 뻔한 일입니다. 냉철하게 생각해서 건전한 소비를 이끌어 내는 것이 필요한 때라고 봅니다.

① 타산지석(他山之石)의 지혜가 필요한 때이다.
② 언 발에 오줌 누기 식의 대응은 곤란하다.
③ 우물에서 숭늉 찾는 일은 어리석은 일이다.
④ 소 잃고 외양간 고치는 일은 없어야 하겠다.
⑤ 호랑이에게 잡혀가도 정신만 차리면 살 수 있다.

12 다음 밑줄 친 단어의 의미와 가장 유사한 것은?

☑ 이해도

○	△	×

<u>다시</u> 봄이 오니 온 산과 들에 파릇파릇 새 생명이 넘쳐난다.

① <u>다시</u> 건강이 좋아져야지.
② 다른 방법으로 <u>다시</u> 한 번 해 봐.
③ <u>다시</u> 보아도 틀린 곳을 못 찾겠어.
④ 웬만큼 쉬었으면 <u>다시</u> 일을 시작합시다.
⑤ 한 번 실수했지만 <u>다시</u> 하지 않으면 돼.

13 다음 식과 계산 결과가 같은 것은?

☑ 이해도 ○ △ ×

$$3\times8\div2$$

① $7+6$
② $77\div7$
③ $3\times9-18+3$
④ $1+2+3+4$
⑤ $5+2+7$

14 □, ○, △가 사칙연산 중 하나씩을 의미할 때 ○ 안에 들어갈 수 없는 기호를 고르면?

☑ 이해도 ○ △ ×

$$2\square4\bigcirc6\triangle3=0$$

① $+$
② $-$
③ $\times$
④ $\div$
⑤ 전부 가능

15 자료의 최솟값, 중앙값, 최댓값, 평균값으로 옳지 않은 것은?

☑ 이해도 ○ △ ×

100	107	109	112	118	122
124	130	132	136	140	144
148	149	150	157	164	170

① 숫자의 개수 : 18
② 중앙값 : 134
③ 최댓값 : 170
④ 최솟값 : 100
⑤ 평균값 : 132

16

☑ 이해도 ○ △ ×

다음과 같은 적금을 들었을 때 계약기간 만료 후 가입자가 받을 수 있는 돈은 얼마인가?

- 상품명 : ○○은행 희망적금
- 가입자 : 甲(본인)
- 가입기간 : 24개월
- 가입금액 : 매월 200,000원 납입
- 적용금리 : 연 2.0%
- 저축방법 : 정기적립식
- 이자 지급방식 : 단리식(이자를 제외한 원금으로만 이율을 계산)

① 4,225,000원
② 4,500,000원
③ 4,725,000원
④ 4,900,000원
⑤ 4,975,000원

17

☑ 이해도 ○ △ ×

일정한 규칙으로 수를 나열할 때, 빈칸에 들어갈 알맞은 숫자를 고르면?

5　8　14　26　50　98　(　　)

① 204
② 194
③ 182
④ 172
⑤ 162

18

☑ 이해도 ○ △ ×

혜영이는 서울에 살고 준호는 부산에 산다. 두 사람이 만나기 위해 혜영이는 시속 85km, 준호는 시속 86.2km의 속력으로 자동차를 타고 서로를 향해 출발했다. 두 사람이 동시에 출발하여 2시간 30분 후에 만났다면 서울과 부산 간의 거리는?

① 410km
② 416km
③ 422km
④ 428km
⑤ 434km

19

☑ 이해도 ○ △ ×

바구니에 1부터 10까지 적힌 공이 들어 있고 공을 하나씩 빼볼 때 첫 번째는 2의 배수, 두 번째는 3의 배수가 나오도록 공을 뽑을 확률은?(단, 뽑은 공은 다시 넣는다)

① $\frac{5}{18}$
② $\frac{3}{20}$
③ $\frac{1}{7}$
④ $\frac{5}{24}$
⑤ $\frac{5}{20}$

20

☑ 이해도 ○ △ ×

독서실 총무인 소연이는 독서실의 시계가 4시간마다 6분씩 늦어진다는 것을 확인하여 오전 8시 정각에 시계를 맞춰 놓았다. 다음 날 아침 오전 9시 30분까지 서울역에 가야하는 소연이는 오전 8시에 독서실을 나서야 하는데, 그때의 독서실 시계는 몇 시를 가리키고 있겠는가?

① 오전 7시 21분
② 오전 7시 24분
③ 오전 7시 27분
④ 오전 7시 30분
⑤ 오전 7시 33분

21

☑ 이해도 ○ △ ×

8%의 식염수 300g이 있다. 이 식염수에서 몇 g의 물을 증발시키면 12%의 식염수가 되겠는가?

① 75g
② 100g
③ 125g
④ 150g
⑤ 175g

22

☑ 이해도 ○ △ ×

톱니 수가 90개인 A톱니바퀴는 B, C톱니바퀴와 서로 맞물려 돌아가고 있다. A톱니바퀴가 8번 도는 동안 B톱니바퀴가 15번, C톱니바퀴가 18번 돌았다면, B톱니바퀴 톱니 수와 C톱니바퀴 톱니 수의 합은?

① 76개
② 80개
③ 84개
④ 88개
⑤ 92개

23

☑ 이해도

○	△	×

다음 가격표에 따르면, 배송비를 포함한 실제 구매 가격이 가장 비싼 쇼핑몰과 가장 싼 쇼핑몰 간의 가격 차이는 얼마나 나는가?

〈A~C쇼핑몰 MP3플레이어 가격 및 조건〉

구분	물품 가격	배송비
A쇼핑몰	129,000원	3,000원
B쇼핑몰	131,000원	무료
C쇼핑몰	130,000원	2,500원

① 500원
② 1,000원
③ 1,500원
④ 2,000원
⑤ 차이 없음

24

☑ 이해도

○	△	×

다음은 자료를 보고 판단한 내용 중 옳지 않은 것은?

〈주요 국가별 · 연도별 청년층 실업률 추이〉

(단위 : %)

구분	2012년	2013년	2014년	2015년	2016년	2017년
독일	13.6	11.7	10.4	11	9.7	8.5
미국	10.5	10.5	12.8	17.6	18.4	17.3
영국	13.9	14.4	14.1	18.9	19.3	20
일본	8	7.7	7.2	9.1	9.2	8
OECD 평균	12.5	12	12.7	16.4	16.7	16.2
대한민국	10	8.8	9.3	9.8	9.8	9.6

① 2013년 일본의 청년층 실업률은 전년보다 0.3%p 떨어졌다.
② 대한민국 청년층 실업률은 항상 OECD 평균보다 낮다.
③ 영국은 청년층 실업률이 주요 국가 중에서 매년 가장 높다.
④ 2015년 대한민국은 독일보다 청년층 실업률이 전년 대비 더 많이 증가했다.
⑤ 2016년 OECD 평균보다 청년층 실업률이 높은 나라는 영국, 미국이다.

※ ○○공사는 각 실 · 처의 보안을 위해 비밀번호를 기호화하여 저장해두었다. 이어지는 질문에 답하시오. [25~28]

〈기호 해독 코드〉

기호	★	△	$	%	▽	@	◇	◎	☆	●
숫자	31	19	28	1	91	7	24	34	11	45

25 다음 중 숫자를 기호화한 것으로 올바르지 않은 것은?

☑ 이해도 ○ △ ×

① 3107 – ★@
② 1119 – ☆▽
③ 4501 – ●%
④ 1924 – △◇
⑤ 3491 – ◎▽

26 다음 중 기호를 숫자로 변환한 것으로 올바른 것은?

☑ 이해도 ○ △ ×

① $◎ – 3134
② %★ – 0111
③ @◇ – 0124
④ △▽ – 1991
⑤ @$ – 2891

27 ○○공사 건설처의 비밀번호는 2807이다. 이를 기호화한 것으로 올바른 것은?

☑ 이해도 ○ △ ×

① $@
② $◇
③ ★%
④ @$
⑤ %◇

28 ○○공사 기술심사처의 비밀번호는 ◎★이다. 숫자로 변환한 것으로 올바른 것은?

☑ 이해도 ○ △ ×

① 3491
② 1131
③ 3431
④ 2491
⑤ 9107

29 전세버스 대여를 전문으로 하는 여행업체가, 버스의 현황을 실시간으로 파악할 수 있도록 식별 코드를 부여하였다. 식별 코드 부여 방식과 자사보유 전세버스 현황을 참고할 때, 다음 중 올바르지 않은 것은?

☑ 이해도 ○ △ ×

〈버스등급 및 생산지 코드표〉

버스등급	코드	제조국가	코드
대형버스	BX	한국	KOR
중형버스	MF	독일	DEU
소형버스	RT	미국	USA

〈식별 코드 부여 방식〉

[버스등급] - [승차인원] - [제조국가] - [모델번호] - [제조연월]

예 BX-45-DEU-15-1510 : 2015년 10월 독일에서 생산된 45인승 대형버스 15번 모델

〈자사보유 전세버스 현황〉

BX-28-DEU-24-1308	MF-35-DEU-15-0910	RT-23-KOR-07-0628
MF-35-KOR-15-1206	BX-45-USA-11-0712	BX-45-DEU-06-1105
MF-35-DEU-20-1110	BX-41-DEU-05-1408	RT-16-USA-09-0712
RT-25-KOR-18-0803	RT-25-DEU-12-0904	MF-35-KOR-17-0901
BX-28-USA-22-1404	BX-45-USA-19-1108	BX-28-USA-15-1012
RT-16-DEU-23-1501	MF-35-KOR-16-0804	BX-45-DEU-19-1312
MF-35-DEU-20-1005	BX-45-USA-14-1007	

① 보유하고 있는 소형버스의 절반 이상은 독일에서 생산되었다.
② 대형버스 중 28인승은 3대이며, 한국에서 생산된 차량은 없다.
③ 보유 중인 대형버스는 전체의 40% 이상을 차지한다.
④ 중형버스의 모델은 최소 3가지 이상이며, 모두 2013년 이전에 생산되었다.
⑤ 소형버스보다 중형버스의 보유 숫자가 많다.

30 ☑ 이해도 ○ △ ×

A, B, C, D, E는 직장에서 상여금을 받았다. 상여금은 25만원, 50만원, 75만원, 100만원, 125만원 다섯 종류로 정해져 있다. 상여금을 받은 결과가 다음과 같다고 할 때 보기 중 옳지 않은 것은?

- A의 상여금은 다섯 사람 상여금의 평균이다.
- B의 상여금은 C, D보다 적다.
- C의 상여금은 어떤 이의 상여금의 두 배이다.
- D의 상여금은 E보다 적다.

① A의 상여금은 A를 제외한 나머지 네 명의 평균과 같다.
② A의 상여금은 반드시 B보다 많다.
③ C의 상여금은 두 번째로 많거나 두 번째로 적다.
④ C의 상여금이 A보다 많다면, B의 상여금은 C의 50%일 것이다.
⑤ C의 상여금이 D보다 적다면, D의 상여금은 E의 80%일 것이다.

31 ☑ 이해도 ○ △ ×

한 창고업체를 이용하는 ○○기업(주)은 A, B, C의 세 제품군에 대한 보관비를 지급하려고 한다. 제품군별 보관 현황은 다음과 같다고 할 때 전체 지급 금액은 얼마인가?(단, A제품군은 매출액의 1%, B제품군은 1 CUBIC당 20,000원, C제품군은 1톤당 80,000원을 지급하기로 되어 있다)

〈제품군 별 보관 현황〉

구분	매출액(억원)	용량	
		용적(CUBIC)	무게(톤)
A제품군	300	3,000	200
B제품군	200	2,000	300
C제품군	100	5,000	500

① 3억 2,000만원
② 3억 4,000만원
③ 3억 6,000만원
④ 3억 8,000만원
⑤ 4억원

32 ☑ 이해도 ○ △ ×

다음은 K공사의 2017년부터 2021년까지 부채 현황에 관한 자료이다. 〈보기〉의 직원 중 다음 부채 현황에 대해 옳은 설명을 한 사람을 모두 고르면?

〈K공사 부채 현황〉

(단위 : 백만원)

구분	2017년	2018년	2019년	2020년	2021년
자산	40,544	41,968	44,167	44,326	45,646
자본	36,642	38,005	39,295	40,549	41,800
부채	3,902	3,963	4,072	3,777	3,846
금융부채	–	–	–	–	–
연간이자	–	–	–	–	–
부채비율	10.7%	10.4%	10.4%	9.3%	9.2%
당기순이익	1,286	1,735	1,874	1,902	1,898

보 기

김대리 : 2018년부터 2020년까지 당기순이익과 부채의 전년 대비 증감추이는 동일해.
이주임 : 2020년 부채의 전년 대비 감소율은 10% 미만이다.
최주임 : 2019년부터 2021년까지 부채비율은 전년 대비 매년 감소하였어.
박사원 : 자산 대비 자본의 비율은 2020년에 전년 대비 증가하였다.

① 김대리, 이주임
② 김대리, 최주임
③ 최주임, 박사원
④ 이주임, 박사원
⑤ 김대리, 최주임, 박사원

33 다음 그림에서 공통된 규칙을 찾아 네모칸 안에 들어갈 알맞은 수를 고르면?

☑ 이해도 ○ △ ×

3	1	2	4
−3			3
□			−1
4	5	−9	1

① 5
② −5
③ 3
④ −3
⑤ 0

※ 다음 나열된 문자 속에서 일정한 규칙을 찾아 괄호 안에 들어갈 알맞은 문자를 고르시오. [34~35]

34

☑ 이해도 ○ △ ×

H ㄷ ( ) ㅂ L ㅌ

① B
② D
③ J
④ ㄱ
⑤ ㅂ

35

☑ 이해도 ○ △ ×

E ㄹ ( ) ㅇ I ㄴ

① A
② C
③ G
④ ㄷ
⑤ ㅍ

※ 일정한 규칙으로 수를 나열할 때, 빈칸에 들어갈 알맞은 수를 고르시오. [36~38]

36

☑ 이해도 ○ △ ×

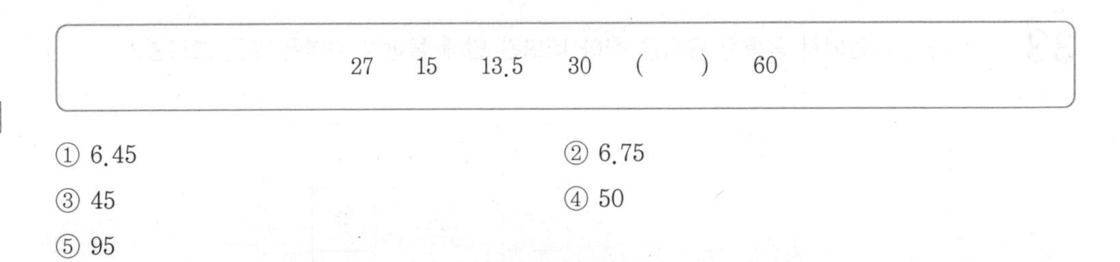

27　15　13.5　30　(　　)　60

① 6.45　② 6.75
③ 45　④ 50
⑤ 95

37

☑ 이해도 ○ △ ×

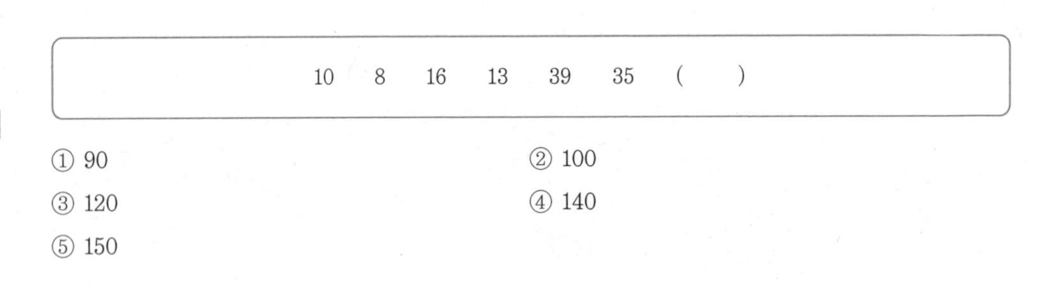

10　8　16　13　39　35　(　　)

① 90　② 100
③ 120　④ 140
⑤ 150

38

☑ 이해도 ○ △ ×

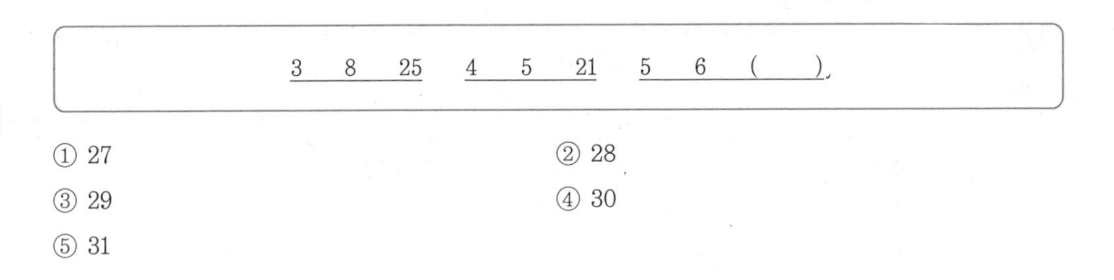

3　8　25　4　5　21　5　6　(　　).

① 27　② 28
③ 29　④ 30
⑤ 31

39 일정한 규칙으로 문자를 나열할 때, 빈칸에 들어갈 알맞은 문자를 고르면?

☑ 이해도 ○ △ ×

ㅈ　ㄷ　ㅅ　ㅁ　ㅁ　(　　)

① ㄷ　② ㅁ
③ ㅅ　④ ㅊ
⑤ ㅎ

40

☑ 이해도 ○ △ ×

다음 〈조건〉을 바탕으로 할 때, 〈보기〉에 대한 판단으로 옳은 것은?

조 건

- 자동차 외판원인 C~H 여섯 명의 판매실적을 비교했다.
- C는 D에게 실적에서 앞섰다.
- E는 F에게 실적에서 뒤졌다.
- G는 H에게 실적에서 뒤졌지만, C에게는 실적에서 앞섰다.
- D는 F에게 실적에서 앞섰지만, G에게는 실적에서 뒤졌다.

보 기

- A : 실적이 가장 좋은 외판원은 H이다.
- B : 실적이 가장 나쁜 외판원은 E이다.

① A만 옳다.
② B만 옳다.
③ A, B 모두 옳다.
④ A, B 모두 틀리다.
⑤ A, B 모두 옳은지 틀린지 판단할 수 없다.

41

☑ 이해도 ○ △ ×

K사의 기획팀에서 근무하고 있는 A~D직원은 서로의 프로젝트 참여 여부에 대하여 다음 〈보기〉와 같이 진술하였고, 이들 중 단 1명만이 진실을 말하였다. 이들 가운데 반드시 프로젝트에 참여하는 사람은?

보 기

A직원 : 나는 프로젝트에 참여하고, B직원은 프로젝트에 참여하지 않는다.
B직원 : A직원과 C직원 중 적어도 한 명은 프로젝트에 참여한다.
C직원 : 나와 B직원 중 적어도 한 명은 프로젝트에 참여하지 않는다.
D직원 : B직원과 C직원 중 한 명이라도 프로젝트에 참여한다면, 나도 프로젝트에 참여한다.

① A직원　② B직원
③ C직원　④ D직원
⑤ 없음

42

☑ 이해도 ○ △ ×

다음 표에 제시되지 않은 문자를 고르면?

경망	지망	조망	도망	시망	희망	전망	잔망	절망	요망	초망	패망
투망	가망	멸망	열망	제망	소망	고망	명망	기망	실망	다망	비망
열망	명망	절망	다망	조망	패망	가망	잔망	소망	비망	전망	실망
요망	도망	고망	투망	기망	가망	경망	지망	멸망	희망	제망	초망

① 희망
② 조망
③ 투망
④ 지망
⑤ 유망

43

☑ 이해도 ○ △ ×

다음 제시된 문자와 같은 것의 개수는?

졍

졍	챵	턍	켱	향	펑	턍	챵	팅	향	졍	켱
켱	펑	향	펑	켱	챵	켱	펑	턍	켱	펑	팅
챵	펑	졍	켱	턍	향	졍	켱	챵	향	턍	펑
펑	졍	향	챵	켱	펑	턍	향	켱	펑	챵	졍

① 2개
② 3개
③ 4개
④ 5개
⑤ 6개

44

☑ 이해도

○	△	×

다음 제시된 문자 또는 숫자와 같은 것은?

DecapauLeiz(1986)

① DecapduLeiz(1988)
② DedabauLeiz(1986)
③ DecapauLeiz(1986)
④ DecebadLaiz(1988)
⑤ DecipauLeiz(1986)

45

☑ 이해도

○	△	×

다음 제시된 숫자와 다른 것은?

358843187432462

① 358843187432462
② 358843187432462
③ 358843187432462
④ 358643187432462
⑤ 358843187432462

46

☑ 이해도

○	△	×

다음 중 좌우를 비교했을 때 다른 것은 몇 개인가?

65794322 － 65974322

① 2개
② 3개
③ 4개
④ 5개
⑤ 6개

47 다음 중 제시된 도형과 같은 것을 고르면?

☑ 이해도

○	△	×

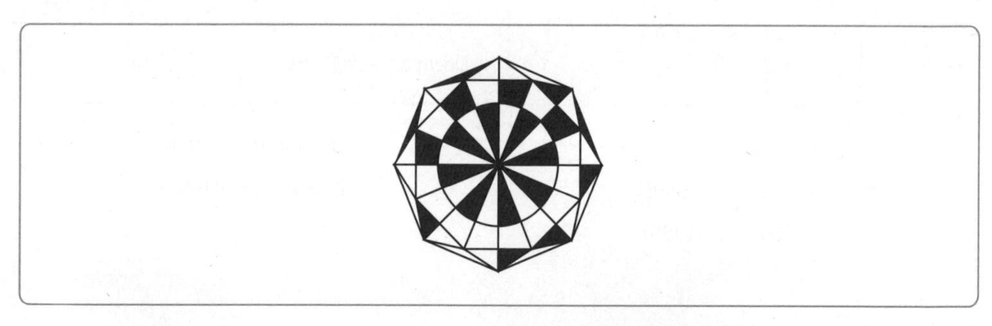

①

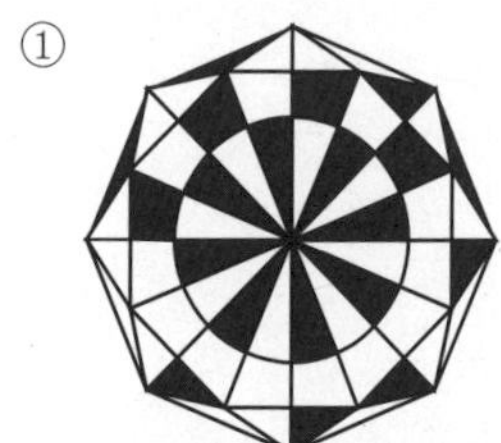

②

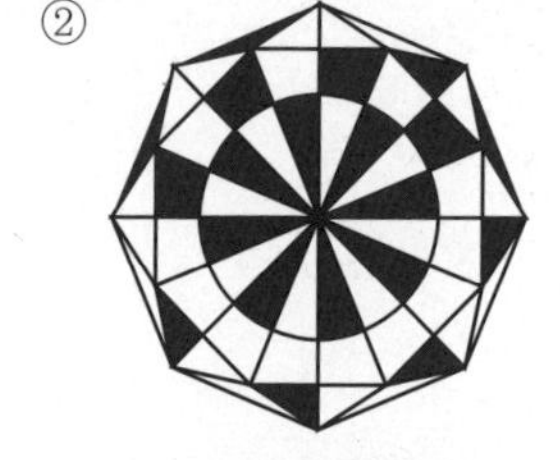

③

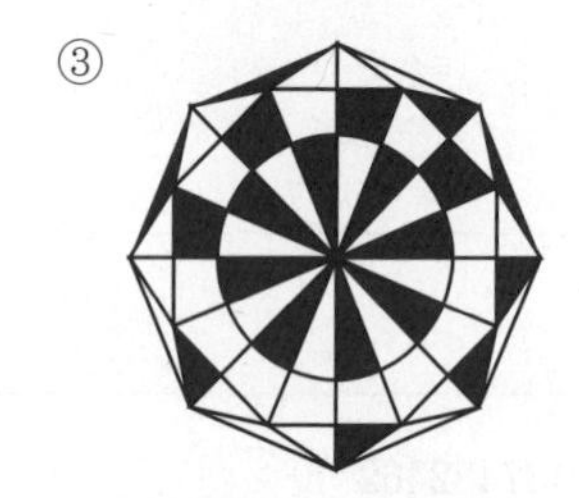

④

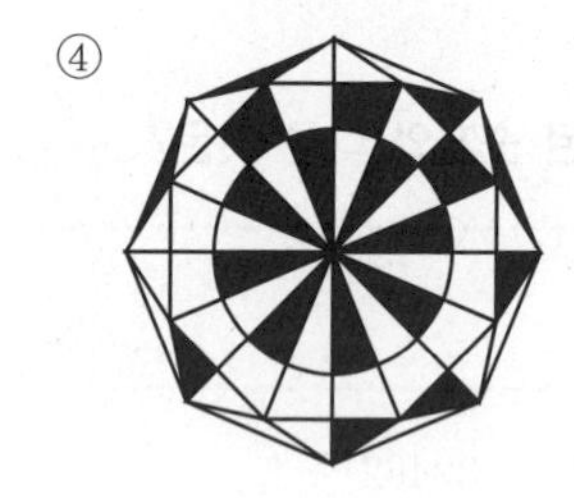

⑤

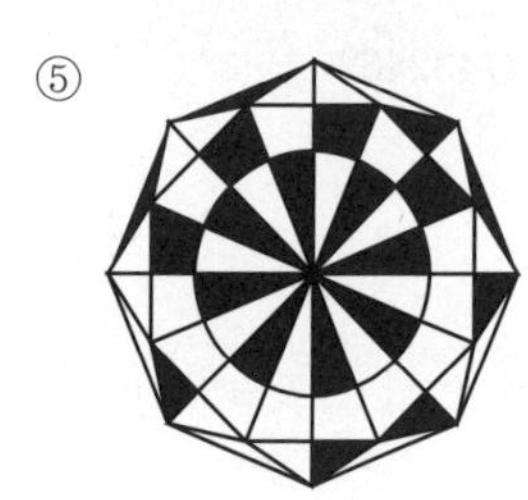

48

☑ 이해도 ○ △ ×

다음 밑줄 친 부분의 의미로 옳은 것은?

> I'm proud that my sister is good at speaking English.

① 좋아하다
② 잘하다
③ 싫어하다
④ 무시하다
⑤ 돌보다

49

☑ 이해도 ○ △ ×

다음을 읽고 컴퓨터 인쇄기(Computer printer)에 대하여 추론할 수 있는 것은?

> Every computer printer shipped by a Colorado company is first frozen, then heated to 130 degrees Fahrenheit, and finally shaken violently for a quarter of an hour. This testing is the final step in a process called 'ruggedization' which prepares an ordinary printer for use by the military. With its circuit boards secured and all components enclosed in a metal case, the printer is thoroughly tested to make sure it will work on the battlefield.

① 최신 기종이다.
② 군에서 제작되었다.
③ 충격에 강하다
④ 섭씨 130도로 가열된다.
⑤ 휴대가 간편하다.

50

☑ 이해도 ○ △ ×

다음 대화에서 빈칸에 들어갈 말로 가장 알맞은 것은?

> A : I'd like to return this pants.
> B : I'm sorry about it. Would you like to exchange it for (　　　)?

① any other one
② another one
③ other one
④ others one
⑤ the other one

많이 보고 많이 겪고 많이 공부하는 것은 배움의 세 기둥이다.

– 벤자민 디즈라엘리 –

최종모의고사
제3회

영역 및 시험시간

영역	문항 수	시험시간
의사소통능력 + 수리능력 + 문제해결능력 + 추리능력 + 지각능력 + 영어능력	50문항	50분

제3회 | 최종모의고사(기본형)

정답 p.146

01 | 의사소통능력

01 다음 중 (나)와 (다) 사이에 들어갈 수 있는 문장으로 적절한 것은?

이해도 ○ △ ×

(가) 우리가 누리고 있는 문화는 거의 모두가 서양적인 것이다. 우리가 연구하는 학문 또한 예외가 아니다. 피와 뼈와 살을 조상에게서 물려받았을 뿐, 문화라고 일컬을 수 있는 거의 모든 것이 서양에서 받아들인 것인 듯싶다. 이러한 현실을 앞에 놓고서 민족 문화의 전통을 찾고 이를 계승하자고 한다면, 이것은 편협한 배타주의(排他主義)나 국수주의(國粹主義)로 오인되기에 알맞은 이야기가 될 것 같다.

(나) 전통은 과거로부터 이어 온 것을 말한다. 이 전통은 대체로 특정 사회 및 그 사회의 구성원인 개인의 몸에 배어있는 것이다. 그러므로 스스로 깨닫지 못하는 사이에 전통은 우리의 현실에 작용하는 경우가 있다.

(다) 우리가 계승해야 할 민족 문화의 전통으로 여겨지는 것이, 과거의 인습(因襲)을 타파(打破)하고 새로운 것을 창조하려는 노력의 결정(結晶)이라는 것은 지극히 중대한 사실이다.

(라) 세종대왕의 훈민정음 창제 과정에서 이 점은 뚜렷이 나타나고 있다. 만일 세종대왕이 전통을 지키고자 고루(固陋)한 보수주의적 유학자들에게 한글 창제의 뜻을 굽혔다면, 우리 민족 문화의 최대 걸작(傑作)이 햇빛을 못 보고 말았을 것이 아니겠는가?

(마) 우리가 계승해야 할 민족 문화의 전통은 형상화된 물건과 행위에서 받는 것도 있지만, 한편 창조적 정신 그 자체에도 있는 것이다. 이러한 의미에서 과거의 인습을 타파하고자 하는 것을 민족 문화의 전통을 무시한다고 여기는 것은 지나친 자기 학대(自己虐待)에서 나오는 편견(偏見)에 지나지 않을 것이다.

(바) 민족 문화의 전통을 창조적으로 계승하자는 정신을 지닌 이는 선진 문화 섭취에 인색하지 않을 것이다. 외래 문화도 새로운 문화의 창조에 이바지함으로써 뜻이 있는 것이고, 그러함으로써 비로소 민족 문화의 전통을 더욱 빛낼 수 있기 때문이다.

① 그렇다면 전통을 계승하고 창조하는 주체는 우리 자신이다.
② 그러므로 전통이란 조상으로부터 물려받은 고유한 유산만을 의미하지는 않는다.
③ 그러나 계승해야 할 전통은 문화 창조에 이바지하는 것으로 한정되어야 한다.
④ 그리고 자국의 전통과 외래적인 문화는 상보적일 수도 있다.
⑤ 따라서 우리는 전통과 인습을 구별하여야 한다.

02 〈보기〉의 문장이 들어갈 위치로 가장 적절한 것은?

☑ 이해도
○	△	×

(가) ○○공사는 스마트 그리드 확산사업 구축대상 1호인 서울 성동구 금호대우아파트에서 ○○공사 컨소시엄, 지자체 등이 참여하는 가운데 스마트 그리드 확산사업 착공 기념식을 시행하였다. (나) 이번 착공식을 계기로 전국의 아파트와 상가 11만호에 실시간 전기요금 정보와 에너지절감 컨설팅 서비스를 제공하는 스마트 그리드 확산사업을 본격 추진한다. (다) 사업대상은 고압으로 전력을 공급받는 아파트와 에너지다소비 일반상가로 노후 기계식 전력량계를 전자식 전력량계로 교체하고, 실시간 전력사용량과 전기요금 등의 정보를 휴대폰이나 전용 홈페이지로 제공하여 소비자의 전기요금 절감을 가능하게 하는 사업이며, 공모방법은 ○○공사 홈페이지에서 확인할 수 있다. (라) 2016년부터 본격 서비스가 시행되는 AMI 기반 전력 서비스와 에너지소비 컨설팅 서비스를 위해 2018년까지 정부와 8개 지자체에서 지원금 190억원 등 총 301억원의 사업비가 투자되어 원격검침 인프라와 태양광 발전설비 10kW, EMS 등을 구축한다. (마)

보 기

스마트 그리드 확산사업은 제주 스마트 그리드 실증사업 성과를 활용하여 2018년까지 전국단위로 스마트 그리드를 확산하는 사업으로, 고객에게는 전기요금 절감과 에너지의 효율적인 사용을 유도하고, 정부와 지자체는 에너지효율화로 온실가스 감축과 지역경제 활성화를 목표로 한다.

① (가)
② (나)
③ (다)
④ (라)
⑤ (마)

03 제시된 문장을 논리적 순서대로 배열한 것은?

☑ 이해도
○	△	×

㉠ 그러나 인권 침해에 관한 문제 제기도 만만치 않아 쉽게 결정할 수 없는 상황이다.
㉡ 지난 석 달 동안만 해도 벌써 3건의 잔혹한 살인 사건이 발생하였다.
㉢ 반인륜적인 범죄가 갈수록 증가하고 있다.
㉣ 이에 따라 반인륜적 범죄에 대한 처벌을 강화해야 한다는 목소리가 날로 높아지고 있다.

① ㉠ – ㉡ – ㉢ – ㉣
② ㉡ – ㉢ – ㉠ – ㉣
③ ㉢ – ㉡ – ㉣ – ㉠
④ ㉢ – ㉣ – ㉡ – ㉠
⑤ ㉡ – ㉠ – ㉣ – ㉢

04 다음 중 글의 내용과 일치하지 않는 것은?

☑ 이해도

○	△	×

'갑'이라는 사람이 있다고 하자. 이때 사회가 갑에게 강제적 힘을 행사하는 것이 정당화되는 근거는 무엇일까? 그것은 갑이 다른 사람에게 미치는 해악을 방지하려는 데 있다. 특정 행위가 갑에게 도움이 될 것이라든가, 이 행위가 갑을 더욱 행복하게 할 것이라든가 또는 이 행위가 현명하다든가 혹은 옳은 것이라든가 하는 이유를 들면서 갑에게 어떤 행위를 강제하는 것은 정당하지 않다. 이러한 이유로 사회가 갑에게 할 수 있는 행동은 권고하거나 이치를 이해시키거나 무엇인가를 간청하는 정도이다. 그러나 갑에게 강제를 가하는 이유 혹은 어떤 처벌을 가할 이유는 되지 않는다. 이와 같은 사회적 간섭이 정당화되기 위해서는 갑이 행하려는 행위가 다른 어떤 이에게 해악을 끼칠 것이라는 점이 충분히 예측되어야 한다. 한 사람이 행하고자 하는 행위 중에서 그가 사회에 대해서 책임을 져야 할 유일한 부분은 다른 사람에게 관계되는 부분이다.

① 개인에 대한 사회의 간섭은 어떤 조건이 필요하다.
② 행위 수행 혹은 행위 금지의 도덕적 이유와 법적 이유는 구분된다.
③ 한 사람의 행위는 타인에 대한 행위와 자신에 대한 행위로 구분된다.
④ 사회는 타인과 관계없는 개인의 해악에 관해서 관심을 가질 근거가 없다.
⑤ 타인과 관계되는 행위는 사회적 책임이 따른다.

05 다음 글에서 지적한 정보화 사회의 문제점에 대한 반대 입장이 아닌 것은?

☑ 이해도

○	△	×

정보화 사회에서 지식과 정보는 부가가치의 원천이다. 지식과 정보에 접근할 수 없는 사람들은 소득을 얻는 데 불리할 수밖에 없다. 고급 정보에 대한 접근이 용이한 사람들은 부를 쉽게 축적하고, 그 부를 바탕으로 고급 정보 획득에 많은 비용을 투입할 수 있다. 이렇게 벌어진 정보 격차는 시간이 갈수록 심화될 가능성이 높아지고 있다. 정보나 지식이 독점되거나 진입 장벽을 통해 이용이 배제되는 경우도 문제이다. 특히 정보가 상품화됨에 따라 정보를 둘러싼 불평등은 더욱 심화될 것이다.

① 인터넷이나 컴퓨터 유지비 측면에서의 격차 발생
② 정보의 확산으로 기존의 자본주의에 의한 격차 완화 가능성
③ 정보 기기의 보편화로 인한 정보 격차 완화
④ 인터넷의 발달에 따라 전 계층의 고급 정보 접근 용이
⑤ 일방적 정보 전달에서 벗어나 상호작용의 의사소통 가능

06 다음 글의 서술상 특징으로 올바른 것은?

☑ 이해도
○ △ ×

법조문도 언어로 이루어진 것이기에, 원칙적으로 문구가 지닌 보편적인 의미에 맞춰 해석된다. 일상의 사례로 생각해 보자. "실내에 구두를 신고 들어가지 마시오"라는 팻말이 있는 집에서는 손님들이 당연히 글자 그대로 구두를 신고 실내에 들어가지 않는다. 그런데 팻말에 명시되지 않은 '실외'에서 구두를 신고 돌아다니는 것은 어떨까? 이에 대해서는 금지의 문구로 제한하지 않았기 때문에, 금지의 효력을 부여하지 않겠다는 의미로 당연하게 받아들인다. 이처럼 문구에서 명시하지 않은 상황에 대해서는 그 효력을 부여하지 않는다고 해석하는 방식을 '반대 해석'이라 한다.

그런데 팻말에는 운동화나 슬리퍼에 대해서는 쓰여 있지 않다. 하지만 누군가 운동화를 신고 마루로 올라가려 하면, 집주인은 팻말을 가리키며 말릴 것이다. 이 경우에 '구두'라는 낱말은 본래 가진 뜻을 넘어 일반적인 신발이라는 의미로 확대된다. 이런 식으로 어떤 표현을 본래의 의미보다 넓혀 이해하는 것을 '확장 해석'이라 한다.

① 현실의 문제점을 분석하고 그 해결책을 제시한다.
② 비유의 방식을 통해 상대방의 논리를 반박하고 있다.
③ 하나의 현상을 여러 가지 관점에서 대조·비판한다.
④ 기존 견해를 비판하고 새로운 견해를 제시한다.
⑤ 일상의 사례를 통해 독자들의 이해를 돕고 있다.

07 다음 글의 흐름으로 보아 결론으로 적당한 것은?

☑ 이해도
○ △ ×

오늘날 정보통신의 중심에 놓이는 인터넷에는 수천만명에서 수억명에 이르는 사용자들이 매일 서로 다른 정보들에 접속하지만, 이들 가운데 거의 대부분은 주요한 국제 정보통신망을 사용하고 있으며, 적은 수의 정보 서비스에 가입해 있다고 한다. 대표적인 예로 MSN을 운영하는 마이크로소프트사는 CNN과 정보를 독점적으로 공유하고, 미디어 대국의 구축을 목표로 기업 간 통합에 앞장선다. 이들이 제공하는 상업 광고로부터 자유로운 정보사용자는 없으며, 이들이 제공하는 뉴스의 사실성이나 공정성 여부를 검증할 수 있는 정보사용자 역시 극히 적은 실정이다.

① 정보사회는 경직된 사회적 관계를 인간적인 관계로 변모시킨다.
② 정보사회는 정보를 원하는 시간, 원하는 장소에 공급한다.
③ 정보사회는 육체노동의 구속으로부터 사람들을 해방시킨다.
④ 정보사회는 정보의 전파와 소통 방식이 불균등하게 이루어진다.
⑤ 정보사회는 힘과 영향력에 상관없이 모든 기업이 동등한 위치에 있다.

08

☑ 이해도 ○ △ ×

다음 중 밑줄 친 단어가 〈보기〉에서와 같은 의미로 사용된 것은?

> 성장소설은 유년기를 지나 성인의 세계로 입문하는 과정에서 갈등을 겪는 인물을 <u>다룬다</u>.

① 그녀는 피아노를 잘 <u>다룬다</u>.
② 이 병원은 심장 질환 수술을 전문적으로 <u>다룬다</u>.
③ 이 가게에서는 유기농 농산물만 <u>다룬다</u>.
④ 모든 신문에서 남북 회담을 특집으로 <u>다루고</u> 있다.
⑤ 모든 생명을 소중히 <u>다루는</u> 태도가 필요하다.

09

☑ 이해도 ○ △ ×

다음 제시된 단어와 같거나 유사한 의미를 가진 것은?

> 맵시

① 자태
② 금새
③ 몽짜
④ 도리깨
⑤ 소매

10

☑ 이해도 ○ △ ×

다음 중 표준발음이 아닌 것은?

① 밟다[밥따]
② 앉다[안따]
③ 옳다[올타]
④ 훑다[훌따]
⑤ 넓다[넙따]

11

☑ 이해도 ○ △ ×

다음 중 밑줄 친 부분이 맞춤법 규정에 어긋나는 것은?

① 그는 목이 메어 한동안 말을 잇지 못했다.
② 어제는 종일 아이를 치다꺼리하느라 잠시도 쉬지 못했다.
③ 왠일로 선물까지 준비했는지 모르겠다.
④ 노루가 나타난 것은 나무꾼이 도끼로 나무를 베고 있을 때였다.
⑤ 그는 입술을 지그시 깨물었다.

12

☑ 이해도 ○ △ ×

다음 제시된 단어의 반의어는?

반박하다

① 부정하다
② 수긍하다
③ 거부하다
④ 비판하다
⑤ 논박하다

13

☑ 이해도 ○ △ ×

다음 글의 빈칸에 들어갈 알맞은 접속어는?

문학이 보여주는 세상은 실제의 세상 그 자체가 아니며, 실제의 세상을 잘 반영하여 작품으로 빚어 놓은 것이다. (　　) 문학 작품 안에 있는 세상이나 실제로 존재하는 세상이나 그 본질에서는 다를 바가 없다.

① 그러나
② 그렇게
③ 그리고
④ 더구나
⑤ 게다가

14

☑ 이해도 ○ △ ×

도표를 사용하는 상황이 올바르게 연결된 것은?

① 선 그래프 : 시간에 따른 변화를 표시하고자 하는 경우
② 원 그래프 : 지역분포를 비롯하여 기업, 상품 등의 평가나 위치, 성격을 표시하고자 하는 경우
③ 점 그래프 : 합계와 각 부분의 크기를 백분율로 나타내고 시간적 변화를 보고자 하는 경우
④ 층별 그래프 : 다양한 요소를 비교하거나 경과를 나타내고자 하는 경우
⑤ 거미줄 그래프 : 단일한 요소에 대하여 개체별 차이를 알아보고자 하는 경우

15

☑ 이해도 ○ △ ×

K은행에 100만원을 맡기면 다음 달에 104만원이 된다. 빈 계좌에 50만원을 입금하여 다음 달에 30만원을 찾는다면 계좌에 있는 돈은 얼마가 되는가?

① 150,000원
② 200,000원
③ 220,000원
④ 240,000원
⑤ 300,000원

16

☑ 이해도 ○ △ ×

C기업은 파키스탄 기업으로부터 대리석을 수입하기로 했다. 다음과 같은 거래 계약을 체결했을 때 수입대금으로 지불해야 할 금액은 원화로 얼마인가?

- 대리석 10kg당 가격 : 35,000루피
- 구입량 : 1톤
- 계약 당시 환율 : 100루피=1,160원

① 3,080만원
② 3,810만원
③ 4,060만원
④ 4,600만원
⑤ 5,800만원

17

☑ 이해도 ○ △ ×

일정한 규칙으로 수를 나열할 때, 빈칸에 들어갈 알맞은 숫자는?

3 4 5 16 7 36 9 64 11 ( )

① 64
② 81
③ 100
④ 121
⑤ 142

18

☑ 이해도 ○ △ ×

서울에서 부산까지의 거리는 400km이고, 기차는 평균 120km/h의 속력으로 달린다. 역 하나당 정차하는 데 걸리는 시간은 10분씩이다. 역무원이 다음과 같은 운행 일지를 기록했을 때 기차는 가는 도중 몇 개의 역에 정차하였는가?

서울에서 9시 출발 – 부산에 13시 10분 도착

① 4개
② 5개
③ 6개
④ 7개
⑤ 8개

19

☑ 이해도 ○ △ ×

귤 상자 2개에 각각 귤이 들어 있다고 한다. 상자 안의 귤은 안 익었을 확률이 10%, 썩었을 확률이 15%이다. 두 사람이 각각 다른 상자에서 귤을 꺼낼 때 한 사람은 잘 익은 귤을 꺼내고, 다른 한 사람은 썩거나 안 익은 귤을 꺼낼 확률은 몇%인가?

① 31.5%
② 33.5%
③ 35.5%
④ 37.5%
⑤ 39.5%

20

☑ 이해도 ○ △ ×

시계가 10시 10분을 가리킬 때 시침과 분침이 이루는 안쪽의 각도는?

① 110°
② 115°
③ 120°
④ 125°
⑤ 135°

21

☑ 이해도

○ △ ×

다음은 2001년과 2002년 디지털 콘텐츠에서 제작 분야의 영역별 매출 현황에 대한 자료이다. 이에 대한 설명 중 옳지 않은 것은?

〈제작 분야의 영역별 매출 현황〉

(단위 : 억원, %)

구분	정보	출판	영상	음악	캐릭터	애니메이션	게임	기타	계
2001년	208(10.9)	130(6.8)	98(5.2)	91(4.8)	54(2.9)	240(12.6)	1,069(56.1)	13(0.7)	1,907(100)
2002년	331(13)	193(7.6)	249(9.6)	117(4.6)	86(3.4)	247(9.7)	1,309(51.4)	16(0.7)	2,548(100)

* (　)는 총 매출액에 대한 비율

① 2002년 총 매출액은 2001년 총 매출액보다 641억원 더 많다.
② 2001년과 2002년 총 매출액에 대한 비율의 차이가 가장 적은 것은 음악 영역이다.
③ 애니메이션 영역과 게임 영역은 2001년에 비해 2002년에 총 매출액 대비 비중이 감소하였다.
④ 2001년과 2002년 모두 게임 영역이 차지하는 비율이 50% 이상이다.
⑤ 모든 분야에서 2001년보다 2002년이 매출액이 더 많다.

22

☑ 이해도

○ △ ×

다음은 어느 해 개최된 올림픽에 참가한 6개국의 성적이다. 이에 대한 내용으로 옳지 않은 것은?

〈국가별 올림픽 성적〉

(단위 : 명, 개)

국가	참가선수	금메달	은메달	동메달	메달 합계
A	240	4	28	57	89
B	261	2	35	68	105
C	323	0	41	108	149
D	274	1	37	74	112
E	248	3	32	64	99
F	229	5	19	60	84

① 획득한 금메달 수가 많은 국가일수록 은메달 수는 적었다.
② 금메달을 획득하지 못한 국가가 가장 많은 메달을 획득했다.
③ 참가선수의 수가 많은 국가일수록 획득한 동메달 수도 많았다.
④ 획득한 메달의 합계가 큰 국가일수록 참가선수의 수도 많았다.
⑤ 참가선수가 가장 적은 국가의 메달 합계는 전체 6위이다.

23

☑ 이해도
○ △ ×

다음은 전년 동월 대비 특허 심사건수 증감 및 등록률 증감 추이를 나타낸 것이다. 다음 〈보기〉 중 옳지 않은 것을 모두 고르면?

〈특허 심사건수 증감 및 등록률 증감 추이(전년 동월 대비)〉

(단위 : 건, %)

구분	2016. 1.	2016. 2.	2016. 3.	2016. 4.	2016. 5.	2016. 6.
심사건수 증감	125	100	130	145	190	325
등록률 증감	1.3	−1.2	−0.5	1.6	3.3	4.2

보 기

㉠ 2016년 3월에 전년 동월 대비 등록률이 가장 많이 낮아졌다.
㉡ 2016년 6월의 심사건수는 325건이다.
㉢ 2016년 5월의 등록률은 3.3%이다.
㉣ 2015년 1월 심사건수가 100건이라면, 2016년 1월 심사건수는 225건이다.

① ㉠
② ㉠, ㉡
③ ㉠, ㉣
④ ㉡, ㉢
⑤ ㉠, ㉡, ㉢

24

☑ 이해도
○ △ ×

어느 제약회사 공장에서 A, B 두 종류의 기계로 같은 종류의 비타민제를 만든다. A기계 3대와 B기계 2대를 작동하면 1시간에 비타민제 1,600통을 만들 수 있고, A기계 2대와 B기계 3대를 작동하면 1시간에 비타민제 1,500통을 만들 수 있다고 한다. A기계 1대와 B기계 1대를 1시간 썼을 때 만들 수 있는 비타민제는 몇 통인가?

① 580개
② 600개
③ 620개
④ 640개
⑤ 660개

25

☑ 이해도 ○ △ ×

다음은 지난달 봉사장소별 봉사자 수를 연령대별로 조사한 자료이다. 이에 대한 설명으로 옳은 것을 〈보기〉에서 모두 고르면?

〈봉사장소의 연령대별 봉사자 수〉

(단위 : 명)

구분	10대	20대	30대	40대	50대	합계
보육원	148	197	405	674	576	2,000
요양원	65	42	33	298	296	734
무료급식소	121	201	138	274	381	1,115
노숙자쉼터	0	93	118	242	347	800
유기견보호소	166	117	56	12	0	351
합계	500	650	750	1,500	1,600	5,000

보 기

ㄱ. 전체 보육원 봉사자 중 30대 이하가 차지하는 비율은 36%이다.
ㄴ. 전체 무료급식소 봉사자 중 40·50대는 절반 이상이다.
ㄷ. 전체 봉사자 중 50대의 비율은 20대의 3배이다.
ㄹ. 전체 노숙자쉼터 봉사자 중 30대는 15% 미만이다.

① ㄱ, ㄴ
② ㄱ, ㄷ
③ ㄱ, ㄹ
④ ㄴ, ㄷ
⑤ ㄴ, ㄹ

26

☑ 이해도 ○ △ ×

어떤 일을 완수하는 데 민수는 1시간이 걸리고, 아버지는 15분이 걸린다. 민수가 30분간 혼자서 일하는 중에 아버지가 오셔서 함께 그 일을 끝마쳤다면 민수가 아버지와 함께 일한 시간은 몇 분인가?

① 5분
② 6분
③ 7분
④ 8분
⑤ 9분

※ A회사는 제품명에 따른 제품번호를 다음과 같은 규칙으로 생성한다. 이어지는 질문에 답하시오. [27~29]

규칙

Ⅰ. 제품명에 들어가는 알파벳은 a=1, b=2 … y=25, z=26처럼 순서대로 숫자를 대입해 변환한다.
Ⅱ. 알파벳에서 변환된 숫자들을 모두 더해 합을 구한다.
Ⅲ. 알파벳 중 모음(a, e, i, o, u)에서 변환된 숫자들만의 합을 구하고 이를 제곱한 뒤 모음의 개수로 나눈다(소수점 첫째 자리에서 버림한다).
Ⅳ. Ⅱ의 값과 Ⅲ의 값을 더해 제품번호를 구한다.

27 제품의 명칭이 영단어 'abroad'일 경우, 이 제품의 제품번호를 올바르게 구한 것은?

☑ 이해도 ○ △ ×

① 110
② 137
③ 311
④ 330
⑤ 420

28 제품의 명칭이 영단어 'positivity'일 경우, 이 제품의 제품번호를 올바르게 구한 것은?

☑ 이해도 ○ △ ×

① 605
② 819
③ 1,764
④ 1,928
⑤ 2,320

29 제품의 명칭이 영단어 'endeavor'일 경우, 이 제품의 제품번호를 올바르게 구한 것은?

☑ 이해도 ○ △ ×

① 110
② 169
③ 253
④ 676
⑤ 822

30

☑ 이해도 ○ △ ×

다음 글에 대한 분석으로 타당한 것을 〈보기〉에서 모두 고른 것은?

식탁을 만드는 데에는 노동과 자본만 투입된다. 노동자 1명의 시간당 임금은 8,000원이다. 노동자 1명이 투입되어 A기계 또는 B기계를 사용하여 식탁을 생산한다. A기계를 사용하면 10시간이 걸리고, B기계를 사용하면 7시간이 걸린다. 식탁 1개의 시장 가격은 100,000원이다. A기계의 임대료는 식탁 1개를 생산하는 경우 10,000원이고, B기계는 20,000원이다.

A, B기계 중 어떤 것을 사용해도 생산된 식탁의 품질은 같다고 하면 기업들은 어떤 기계를 사용할 것인가?(단, 작업 환경 · 물류비 등 다른 조건은 고려하지 않는다)

보 기

ㄱ. 기업은 B기계보다는 A기계를 선택할 것이다.
ㄴ. '어떻게 생산할 것인가'와 관련된 경제 문제이다.
ㄷ. 합리적인 선택을 했다면 식탁 1개당 24,000원의 이윤을 기대할 수 있다.
ㄹ. A기계를 사용하는 경우 식탁 1개를 만드는 데 드는 비용은 70,000원이다.

① ㄱ, ㄴ
② ㄱ, ㄷ
③ ㄴ, ㄷ
④ ㄴ, ㄹ
⑤ ㄷ, ㄹ

31

☑ 이해도 ○ △ ×

A, B, C, D, E 5명이 5층 건물에 한 층당 한 명씩 살고 있다. 〈조건〉에 근거하여 추론한 것 중 확실한 것은?

조 건

- C와 D는 서로 인접한 층에 산다.
- A는 2층에 산다.
- B는 A보다 높은 층에 산다.

① D는 가장 높은 층에 산다.
② E는 D보다 높은 층에 산다.
③ C는 3층에 산다.
④ A는 E보다 높은 층에 산다.
⑤ B는 3층에 살 수 없다.

32 ☑ 이해도 ○ △ ×

글로벌 기업인 C회사는 외국 지사와 화상회의를 진행하기로 하였다. 모든 국가는 오전 8시부터 오후 6시까지가 업무시간이고, 회의는 한국시각 기준으로 오후 4시부터 5시까지 진행한다고 할 때, 다음 중 회의에 참석할 수 없는 국가는?(단, 서머타임을 시행하는 국가는 +1:00을 반영한다)

〈한국과의 시차 차이〉

국가	시차	국가	시차
파키스탄	−4:00	불가리아	−6:00
오스트레일리아	+1:00	영국	−9:00
싱가포르	−1:00		

※ 오후 12시부터 1시까지는 점심시간이므로 회의를 진행하지 않는다.
※ 서머타임 시행 국가 : 영국

① 파키스탄
② 오스트레일리아
③ 싱가포르
④ 불가리아
⑤ 영국

33 ☑ 이해도 ○ △ ×

다음에서 설명하는 문제에 해당하는 사례로 옳지 않은 것은?

아직 일어나지 않은, 즉 눈에 보이지 않는 문제를 잠재 문제, 예측 문제, 발견 문제로 나눌 수 있다. 잠재 문제는 문제를 인식하지 못하다가 결국은 문제가 확대되어 해결이 어려운 문제를 의미하며, 예측 문제는 지금 현재는 문제가 없으나 앞으로 일어날 수 있는 문제가 생길 것을 알 수 있는 문제를 의미한다. 그리고 발견 문제는 앞으로 개선 또는 향상시킬 수 있는 문제를 말한다.

① 어제 구입한 알람시계가 고장 났다.
② 바이러스가 전 세계적으로 확산됨에 따라 제품의 원가가 향상될 것으로 보인다.
③ 자사 제품의 생산성을 향상시킬 수 있는 프로그램이 개발되었다.
④ 자사 내부 점검 중 작년에 판매된 제품에서 문제가 발생할 수 있다는 것을 발견하였다.
⑤ 이번 달에는 물건의 품질을 10% 향상시킴으로써 매출의 5% 증대를 계획해야 한다.

※ 다음 나열된 문자 속에서 일정한 규칙을 찾아 괄호 안에 들어갈 알맞은 문자를 고르시오. [34~37]

34

☑ 이해도 ○ △ ×

A D I P ( )

① E
② O
③ R
④ Y
⑤ Z

35

☑ 이해도 ○ △ ×

B ㄷ E ㅅ ( )

① J
② K
③ L
④ M
⑤ X

36

☑ 이해도 ○ △ ×

A A B C E H M ( )

① O
② R
③ U
④ W
⑤ Z

37

☑ 이해도 ○ △ ×

캐 해 새 채 매 애 ( )

① 매
② 배
③ 래
④ 채
⑤ 대

※ 일정한 규칙으로 수를 나열할 때, 빈칸에 들어갈 알맞은 수를 고르시오. [38~39]

38

☑ 이해도 ○ △ ×

3　−4　10　−18　38　−74　150　(　)

① −298
② −300
③ −302
④ 304
⑤ −313

39

☑ 이해도 ○ △ ×

1　2　−9　11　81　20　−729　(　)

① 37
② 35
③ 33
④ 31
⑤ 29

40

☑ 이해도 ○ △ ×

A~E 다섯 명이 100m 달리기를 했다. 기록 측정 결과가 나오기 전에 그들끼리의 대화를 통해 순위를 예측해 보려고 한다. 그들의 대화는 다음과 같고, 이 중 한 사람이 거짓말을 하고 있다. 다음 중 A~E의 순위로 알맞은 것은?

A : 나는 1등이 아니고, 3등도 아니야.
B : 나는 1등이 아니고, 2등도 아니야.
C : 나는 3등이 아니고, 4등도 아니야.
D : 나는 A와 B보다 늦게 들어왔어.
E : 나는 C보다는 빠르게 들어왔지만, A보다는 늦게 들어왔어.

① E − C − B − A − D
② E − A − B − C − D
③ C − E − B − A − D
④ C − A − D − B − E
⑤ A − C − E − B − D

41

☑ 이해도

○ △ ×

일정한 규칙으로 도형을 나열할 때, ?에 들어갈 알맞은 도형을 고르면?

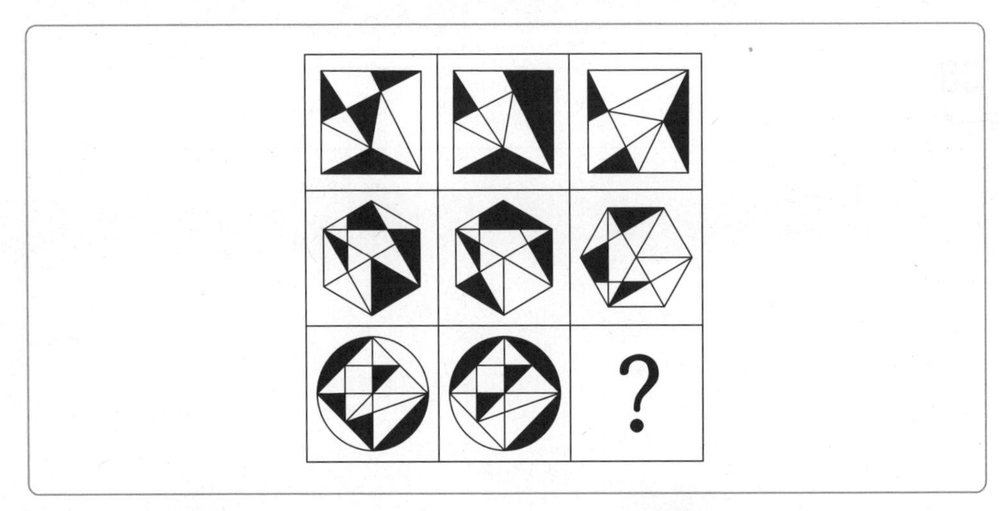

①

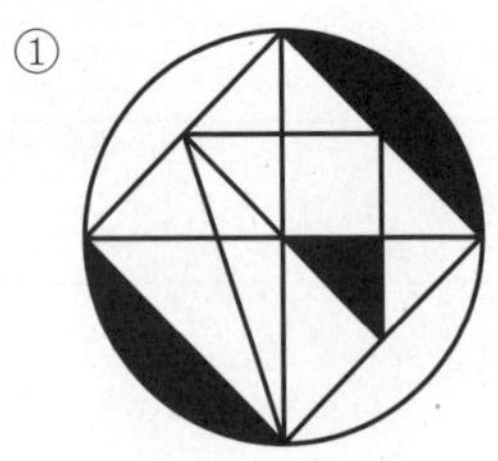

②

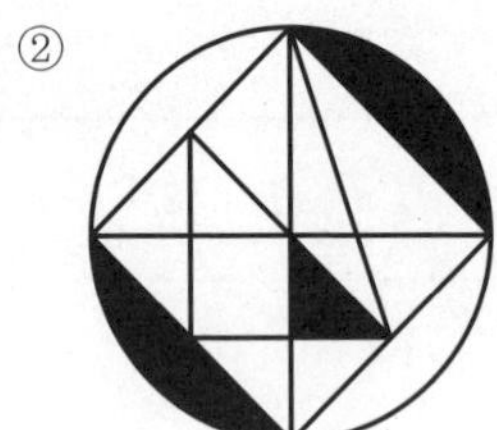

③

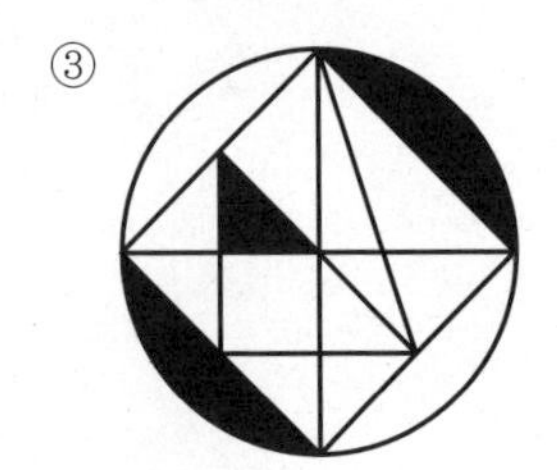

④

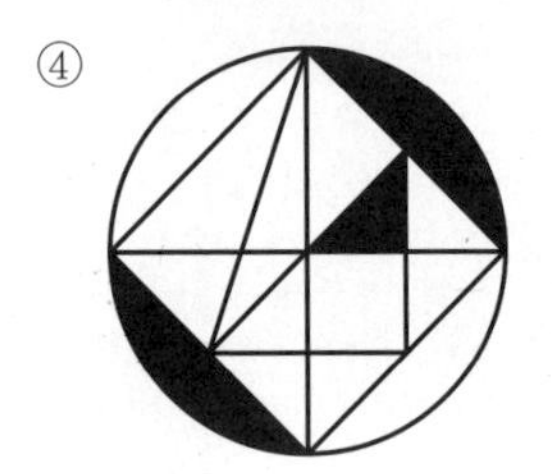

⑤

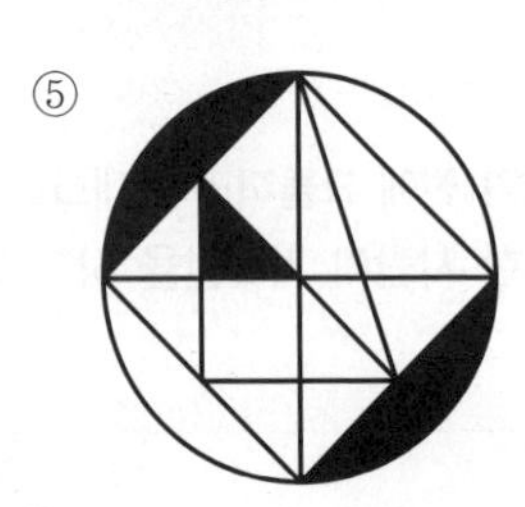

42 다음 표에 제시되지 않은 문자를 고르면?

☑ 이해도 ○ △ ×

rice	run	ruler	rose	race	rinse	rind	rib	role	ratio	rude	roam
read	rap	rank	rigid	refer	reply	robot	riot	rise	room	raw	robin
root	roar	ring	rate	rob	ray	roll	ride	rural	rapid	rye	rant
rule	rime	rapt	raise	risk	ruin	right	rim	roof	rival	robe	rust

① room
② rapt
③ refer
④ rent
⑤ rib

43 다음 제시된 문자와 같은 것의 개수는?

☑ 이해도 ○ △ ×

9543

9201	9402	9361	9672	9043	9543	9848	9904	9201	9361	9672	9543
9361	9672	9043	9904	9672	9848	9402	9043	9904	9043	9201	9672
9672	9543	9672	9402	9543	9201	9904	9361	9848	9402	9543	9361
9201	9043	9361	9543	9361	9043	9402	9543	9201	9672	9043	9201

① 3개
② 4개
③ 5개
④ 6개
⑤ 7개

44

☑ 이해도

○	△	×

다음 제시된 문자 또는 숫자와 같은 것은?

Violin Sonata BB.124-Ⅲ

① Violin Sonata BB.124-Ⅲ
② Violin Sonota BB.124-Ⅲ
③ Violin Sonata BB.124-Ⅱ
④ Violin Sonata BP.124-Ⅲ
⑤ Violin Sonita BB.124-Ⅲ

45

☑ 이해도

○	△	×

다음 제시된 문자와 다른 것은?

ablessingindis

① ablessingindls
② ablessingindis
③ ablessingindis
④ ablessingindis
⑤ ablessingindis

46

☑ 이해도

○	△	×

다음 블록의 개수는 몇 개인가?(단, 보이지 않는 곳의 블록은 있다고 가정한다)

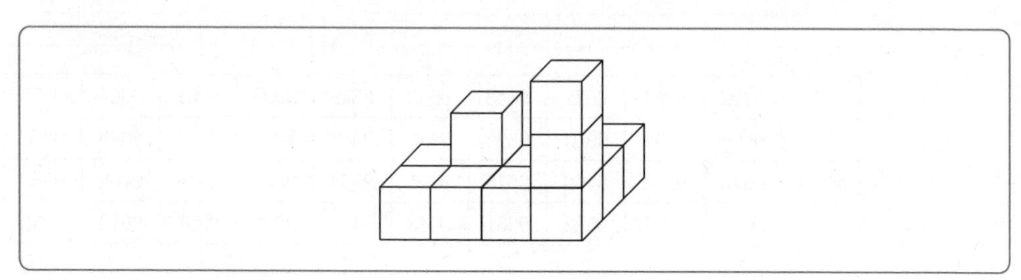

① 10개
② 11개
③ 12개
④ 13개
⑤ 14개

47

☑ 이해도

○	△	×

다음 중 제시된 도형과 같은 것을 고르면?

①

②

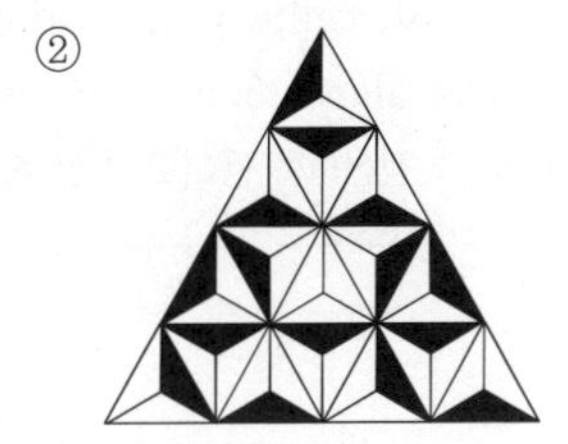

③

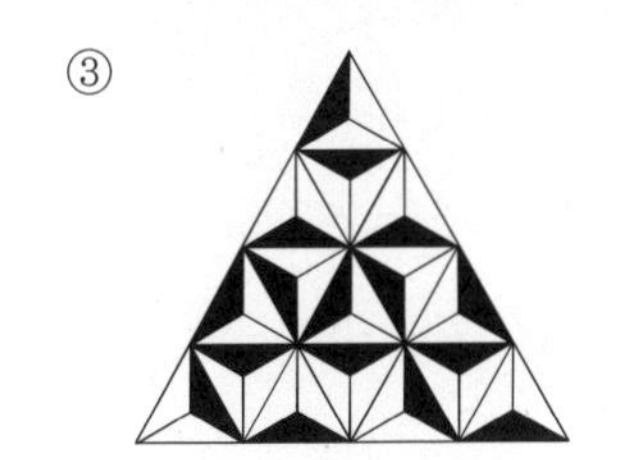

④

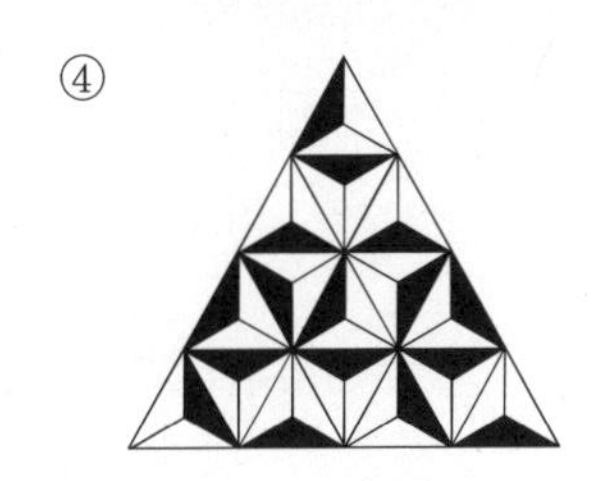

⑤

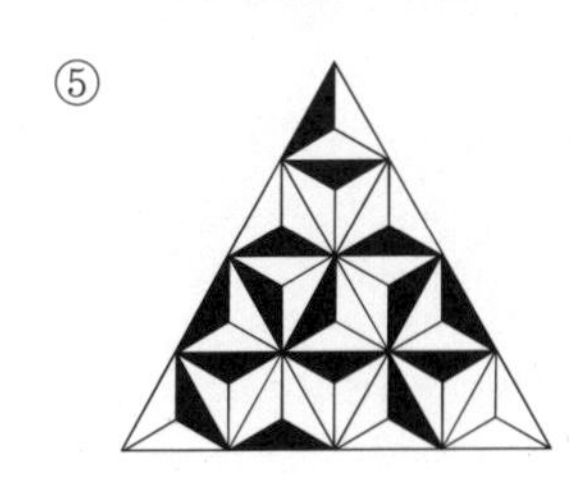

48 다음 빈칸에 들어갈 말로 가장 적절한 것은?

☑ 이해도 ○ △ ×

Modern technology has now rendered many learning disabilities virtually obsolete by providing learners with access to alternative ways of getting information and expressing themselves. Poor spellers have access to spell checkers and individuals with illegible handwriting can use a word processor to produce a neat typescript. People with dyscalculia benefit from having a pocket calculator handy when a math problem comes up. ______, learners with poor memories can tape lectures, discussions, and other verbal exchanges. Individuals with faulty visualization skills can use computer-aided design(CAD) software programs that allow them to manipulate three-dimensional objects on screen.

* dyscalculia : 정신의학 용어로 계산 불능 증상을 가리킴, 'acalculia'라고도 함

① In short
② Likewise
③ As a result
④ Accordingly
⑤ In contrast

49 다음 밑줄 친 부분 중 어법상 옳지 않은 것을 모두 고르면?

☑ 이해도 ○ △ ×

At one time there was nothing unusual about later motherhood. In many families, sibling births ⓐ <u>spanning</u> a generation, and grandchildren were often similar in age to their parents' younger brothers and sisters. The medical perspective on later motherhood tends to be problem-centered. 'Elderly' pregnant mothers ⓑ <u>are seen</u> purely in terms of ⓒ <u>increased</u> risks to themselves and their infants. Psychological research of women who become mothers later than usual ⓓ <u>are</u> scarce, but those that are available suggest they have qualities which make them just as good, though different from their younger counterparts.

① ⓐ, ⓓ
② ⓐ, ⓑ
③ ⓐ, ⓒ
④ ⓑ, ⓒ
⑤ ⓑ, ⓒ, ⓓ

50 (A), (B) 중 문맥에 맞는 단어로 가장 적절한 것은?

☑ 이해도

○ △ ×

A fossil fuel buried deep in the ground, oil is a finite resource that experts concur is fast running out. Greenhouse gas emissions from rampant oil consumption are having a devastating impact on the environment, too. Bio-fuels, however, are far more environmentally-friendly. This is the main reason why many scientists and politicians around the world have begun to promote the production and use of bio-fuels as an (A) [alternative / approach / assistance] to our reliance on oil. Because bio-fuels are renewable, they can also help ensure greater stability in fuel prices. In spite of the apparent advantages, however, many remain skeptical about the benefits of switching to bio-fuels. In particular, there are fears that, as farmers switch to more profitable fuel crops such as corn, worldwide prices for rice, grain and other basic foods will increase massively. In addition, modern production methods used in growing and producing bio-fuels consume a lot more water than the traditional refining process for fossil fuels. With more and more regions switching to bio-fuel farming, it could (B) [aggregate / moderate / exacerbate] the growing water management plight.

	(A)	(B)
①	assistance	aggregate
②	approach	aggregate
③	alternative	moderate
④	alternative	exacerbate
⑤	assistance	exacerbate

배우기만 하고 생각하지 않으면 얻는 것이 없고,
생각만 하고 배우지 않으면 위태롭다.

- 공자 -

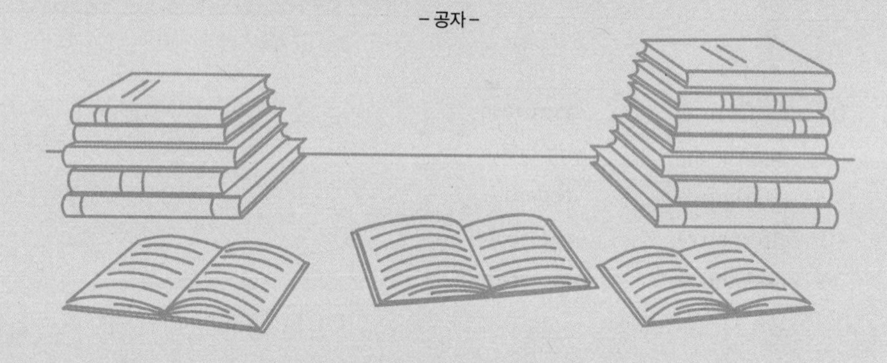

최종모의고사
제4회

영역 및 시험시간

영역	문항 수	시험시간
의사소통능력 + 수리능력 + 문제해결능력 + 추리능력 + 지각능력 + 영어능력	50문항	50분

제4회 | 최종모의고사(혼합형)

정답 p.154

01 글의 흐름을 고려할 때, 다음 글의 개요 속 ㉠에 들어갈 내용으로 가장 적절한 것은?

☑ 이해도 ○ △ ×

Ⅰ. 서론 : 재활용이 어려운 포장재 쓰레기가 늘고 있다.

Ⅱ. 본론
1. 포장재 쓰레기가 늘고 있는 원인
(1) 기업들이 과도한 포장 경쟁을 벌이고 있다.
(2) 소비자들이 호화로운 포장을 선호하는 경향이 있다.
2. 포장재 쓰레기의 양을 줄이기 위한 방안
(1) 기업은 과도한 포장 경쟁을 자제해야 한다.
(2) (㉠)

Ⅲ. 결론 : 상품의 생산과 소비 과정에서 환경을 먼저 생각하는 자세를 지녀야 한다.

① 정부의 지속적인 감시와 계몽 활동이 필요하다.
② 소비자들은 실속을 중시하는 합리적인 소비생활을 해야 한다.
③ 상품 판매를 위한 지나친 경쟁이 자제되어야 한다.
④ 소비자들은 재정 상태를 고려하여 분수에 맞는 소비를 해야 한다.
⑤ 환경 친화적인 상품 개발을 위한 투자가 있어야 한다.

02 다음 글의 제목으로 어울리는 것은?

☑ 이해도 ○ △ ×

많은 경제학자는 제도의 발달이 경제 성장의 중요한 원인이라고 생각해 왔다. 예를 들어 재산권 제도가 발달하면 투자나 혁신에 대한 보상이 잘 이루어져 경제 성장에 도움이 된다는 것이다. 그러나 이를 입증하기는 쉽지 않다. 제도의 발달 수준과 소득 수준 사이에 상관 관계가 있다 하더라도, 제도는 경제 성장에 영향을 줄 뿐 아니라, 경제 성장으로부터 영향을 받을 수도 있다. 따라서 그 인과 관계를 판단하기 어렵기 때문이다.

① 경제 성장과 소득 수준
② 경제 성장과 제도 발달
③ 소득 수준과 제도 발달
④ 소득 수준과 투자 수준
⑤ 제도 발달과 투자 수준

03 다음 밑줄 친 ㉠~㉤의 수정 방안으로 적절하지 않은 것은?

☑ 이해도

○	△	×

15세 이상의 인구를 대상으로 설문조사를 한 결과, 직업을 선택할 때 가장 크게 고려하는 사항은 수입과 안정성이라는 것이 밝혀졌다. 같은 조사에서 '청년이 원하는 직장'의 설문 결과, ㉠ 국가기관이 가장 선호하고 그 뒤로 공기업, 대기업의 순서로 이어졌다. 조사 대상에 청소년이 포함되어 있다는 것을 생각해 보면 직업에 대한 선호도가 ㉡ 전적으로 획일화되어 있다는 점을 알 수 있다. 때문에 청소년들이 다양하고 건전한 직업관을 가질 수 있도록 직업교육에 더욱 많은 ㉢ 투자와 관심을 가져야 한다. ㉣ 직업관의 획일화는 사회의 다양성을 해치며 대학의 서열화와 취업경쟁의 심화로 이어진다. 또한 이러한 직업관 때문에 수입과 안정성이 부족한 중소기업이나 벤처기업을 선호하는 사람은 매우 적다. 구직자들은 취업난 속에서도 중소기업을 외면하고 이것이 다시 중소기업의 인력난으로 이어져 수익의 저하를 낳게 되는 것이다. 인력난이 재정난으로, 그 재정난이 또다시 인력난으로 이어지는 악순환을 끊는 것은 쉽지 않다. 그렇기 때문에 중소기업을 살리기 위해서는 ㉤ 정부가 주도 하에 기업의 인력난을 해소할 수 있는 제도를 고안해야 한다.

① ㉠ : 주어와 서술어 관계를 고려하여 '국가기관이 가장 선호되고'로 수정한다.
② ㉡ : 청소년이 포함되어 있다고 하더라도 온 국민의 인식이 획일화되었다고 할 수는 없으므로 '전체적으로'로 수정한다.
③ ㉢ : 호응 관계를 고려하여 '투자를 하고 관심을 가져야 한다'로 수정한다.
④ ㉣ : 전체적인 흐름에 알맞지 않으므로 삭제해야 한다.
⑤ ㉤ : 호응 관계를 고려하여 '정부가 주도하여'로 수정한다.

04 다음 글의 전개 방식에 대한 설명으로 올바른 것은?

☑ 이해도

○	△	×

법은 필요악이다. 법은 우리의 자유를 막고 때로는 신체적 구속을 행사하는 경우도 있다. 이런 점에서 법은 달가운 존재가 아니며 기피와 증오의 대상이 되기도 한다. 그러나 법이 없으면 안전한 생활을 할 수 없다는 점에서 법은 없어서는 안 될 존재이다. 이와 같이 법의 양면성은 울타리의 그것과 비슷하다. 울타리는 우리의 시야를 가리고 때로는 바깥출입의 자유를 방해한다. 그러나 낯선 사람의 눈총과 외부 침입자로부터 안전하고 포근한 삶을 보장한다는 점에서 울타리는 우리에게 고마운 존재이다.

① 대상의 차이점을 부각해 내용을 전개하고 있다.
② 주장에 대한 구체적인 근거로 내용을 전개하고 있다.
③ 권위 있는 학자의 주장을 인용하여 내용을 전개하고 있다.
④ 두 대상의 공통점을 근거로 내용을 전개하고 있다.
⑤ 글쓴이 자신의 경험을 토대로 논지를 전개하고 있다.

05

☑ 이해도 ○ △ ×

다음 〈보기〉의 문장을 ㉠에 배치한다고 할 때, (A)~(C)를 이어 만들 어구의 배열이 올바른 것을 고르면?

> 전 세계적으로 온난화 기체 저감을 위한 습지 건설 기술은 아직 보고된 바가 없으며 관련 특허도 없다. ㉠ 기술 이전에 따른 별도 효과도 기대할 수 있을 것이다.

보 기

(A) 동남아시아 등에서 습지를 보존하고 복원하는 데 국내 개발 기술을 활용하면
(B) 이산화탄소를 고정하고 메탄을 배출하지 않는 인공 습지를 개발해
(C) 기존의 목적에 덧붙여 온실가스를 제거하는 새로운 녹색 성장 기술로 사용할 수 있으며

① (A) – (B) – (C)
② (A) – (C) – (B)
③ (B) – (A) – (C)
④ (B) – (C) – (A)
⑤ (C) – (B) – (A)

06

☑ 이해도 ○ △ ×

다음 문맥상 빈칸에 가장 적절한 것을 고르시오.

> 사회가 변하면 사람들은 그때까지의 생활을 그대로 수긍하지 못한다. 새로운 생활에 맞는 새로운 언어를 필요로 하게 된다. 그 언어가 자연스럽게 육성되기를 기다릴 수도 있지만, 사람들은 대개 외국으로부터 그러한 개념의 언어를 빌려오려고 한다. 돈이나 기술을 빌리는 것에 비하면 언어는 대가 없이 빌려 쓸 수 있으므로 대개는 제한 없이 외래어를 차용한다. 이처럼 (   ) 광복 이후 우리 사회에서 외래어가 넘쳐나는 것은 그간 우리나라의 고도성장과 결코 무관하지 않다.

① 외래어의 증가는 사회의 팽창과 함께 진행된다.
② 새로운 언어는 사회의 변화를 선도하기도 한다.
③ 외래어가 증가하면 범람한다는 비판을 받게 된다.
④ 새로운 언어는 인간의 욕망을 적절히 표현해 준다.
⑤ 새로운 언어는 외국의 개념을 빌릴 수밖에 없다.

07 다음 글의 중심내용으로 가장 적절한 것은?

☑ 이해도

○	△	×

통계는 다양한 분야에서 사용되며 막강한 위력을 발휘하고 있다. 그러나 모든 도구나 방법이 그렇듯이, 통계 수치에도 함정이 있다. 함정에 빠지지 않으려면 통계 수치의 의미를 정확히 이해하고, 도구와 방법을 올바르게 사용해야 한다. 친구 5명이 만나서 이야기를 나누다가 연봉이 화제가 되었다. 2,000만원이 4명, 7,000만원이 1명이었는데, 평균을 내면 3,000만원이다. 이 숫자에 대해 4명은 "나는 봉급이 왜 이렇게 적을까?"하며 한숨을 내쉬었다.

그러나 이 평균값 3,000만원이 5명의 집단을 대표하는 데에 아무 문제가 없을까? 물론 계산 과정에는 하자가 없지만, 평균을 집단의 대푯값으로 사용하는 데에 어떤 한계가 있을 수 있는지 깊이 생각해 보지 않는다면, 우리는 잘못된 판단에 빠질 수도 있다. 평균은 극단적으로 아웃라이어(비정상적인 수치)에 민감하다. 집단 내에 아웃라이어가 하나만 있어도 평균이 크게 바뀐다는 것이다. 위의 예에서 1명의 연봉이 7,000만원이 아니라 100억원이었다고 하자. 그러면 평균은 20억원이 넘게 된다.

나머지 4명은 자신의 연봉이 평균치의 100분의 1밖에 안 된다며 슬퍼해야 할까? 연봉 100억원인 사람이 아웃라이어이듯이 처음의 예에서 연봉 7,000만원인 사람도 아웃라이어인 것이다. 두드러진 아웃라이어가 있는 경우에는 평균보다는 최빈값이나 중앙값이 대푯값으로서 더 나을 수 있다.

① 평균은 집단을 대표하는 수치로서는 매우 부적당하다.
② 통계는 숫자 놀음에 불과하므로 통계 수치에 일희일비할 필요가 없다.
③ 평균보다는 최빈값이나 중앙값이 대푯값으로서 더 적당하다.
④ 통계는 올바르게 활용하면 다양한 분야에서 사용할 수 있는 도구이다.
⑤ 통계 수치의 의미와 한계를 정확히 인식하고 사용할 필요가 있다.

08 다음 중 맞춤법이 올바른 것은?

☑ 이해도

○	△	×

- (내노라 / 내로라 / 내놔라)하는 사람들이 다 모였다.
- 팀장님이 (결제 / 결재)해야 할 수 있는 일이다.

① 내노라, 결제
② 내노라, 결재
③ 내로라, 결제
④ 내로라, 결재
⑤ 내놔라, 결재

09 다음 자료는 A~D사의 남녀 직원 비율을 나타낸 것이다. 이에 대한 설명으로 옳지 않은 것은?

☑ 이해도 ○ △ ×

〈회사별 남녀 직원 비율〉

(단위 : %)

구분	A사	B사	C사	D사
남	54	48	42	40
여	46	52	58	60

① 여직원 대비 남직원 비율이 가장 높은 회사는 A이며, 가장 낮은 회사는 D이다.
② B, C, D사의 여직원 수의 합은 남직원 수의 합보다 크다.
③ A사의 남직원이 B사의 여직원보다 많다.
④ A, B사의 전체 직원 중 남직원이 차지하는 비율이 52%라면 A사의 전체 직원 수는 B사 전체 직원 수의 2배이다.
⑤ A, B, C사의 전체 직원 수가 같다면 A, C사 여직원 수의 합은 B사 여직원 수의 2배이다.

10 다음 자료는 어느 나라의 2019년과 2020년의 노동가능인구 구성의 변화를 나타낸 것이다. 2019년도와 비교한 2020년도의 상황을 바르게 설명한 것은?

☑ 이해도 ○ △ ×

〈노동가능인구 구성의 변화〉

구분	취업자	실업자	비경제활동인구
2019년	55%	25%	20%
2020년	43%	27%	30%

① 이 자료에서 실업자의 수는 알 수 없다.
② 실업자의 비율은 감소하였다.
③ 경제활동인구 비율은 증가하였다.
④ 취업자 비율의 증감폭이 실업자 비율의 증감폭보다 작다.
⑤ 비경제활동인구의 비율은 감소하였다.

11

☑ 이해도 ○ △ ×

다음 제시된 단어와 반대되는 의미를 가진 것은?

집결

① 소집
② 해산
③ 모집
④ 선발
⑤ 해부

12

☑ 이해도 ○ △ ×

다음 단어 중 나머지 모든 단어와 용법에 따라 유사한 의미를 나타낼 수 있는 단어는?

넣다 - 긋다 - 치다 - 두르다 - 키우다

① 넣다
② 긋다
③ 치다
④ 두르다
⑤ 키우다

13

☑ 이해도 ○ △ ×

다음의 화자가 밑줄 친 '언니'와 '남동생'을 부를 때 쓰는 말은?

엄마에게는 결혼한 <u>언니</u>와 결혼 안 한 <u>남동생</u>이 있다.

① 고모 - 삼촌
② 고모 - 외삼촌
③ 이모 - 삼촌
④ 이모 - 외삼촌
⑤ 숙모 - 숙부

14

☑ 이해도 ○ △ ×

다음 중 표준발음이 아닌 것은?

① 반듯이[반드시]
② 지긋이[지그시]
③ 굳이[구지]
④ 같이[가치]
⑤ 끝인사[끄친사]

15

☑ 이해도 ○ △ ×

길이의 단위인 1인치(inch)를 cm로 변환하면 몇 cm인가?

① 0.254cm
② 2.54cm
③ 25.4cm
④ 254cm
⑤ 2,540cm

16

☑ 이해도 ○ △ ×

'검산'에 대한 설명으로 옳지 않은 것은?

① 숫자의 계산에 있어 검산은 매우 중요한 과정이다.
② 검산에는 역산법과 구거법이 있다.
③ 자연수의 계산에서는 역산법이 더 빠르다.
④ 구거법은 9를 버리고 남은 수로 계산한다.
⑤ 역산법은 원래 계산 과정을 반대로 해보는 것이다.

17

☑ 이해도 ○ △ ×

일정한 규칙으로 수를 나열할 때, 빈칸에 들어갈 알맞은 숫자를 고르면?

9 10 13 18 ( ) 34 45

① 19
② 20
③ 25
④ 28
⑤ 32

18

☑ 이해도 ○ △ ×

월 15% 금리로 대출을 받고 한 달 뒤 갚을 때 금액이 97,750원이었다면, 이 중 이자는 얼마인가?

① 9,000원
② 11,350원
③ 12,100원
④ 12,750원
⑤ 13,200원

19

☑ 이해도 ○ △ ×

공사장에서 지게차로 A물건을 목적지까지 실어나르는 작업을 하고 있다. A물건을 적재하고 하역하는 데 걸리는 시간은 각각 30초씩이다. 물건을 날라야 할 장소의 거리가 물건을 싣는 곳에서 200m 떨어져 있고 지게차의 평균 속력이 6km/h라면 지게차 한 대가 두 번 작업을 하는 데 걸리는 시간은 몇 분인가?

① 3분
② 5분
③ 6분
④ 8분
⑤ 10분

20

☑ 이해도 ○ △ ×

빨간 공 4개, 하얀 공 6개가 들어 있는 주머니에서 한 번에 2개의 공을 꺼낼 때, 적어도 1개는 하얀 공을 꺼낼 확률은?

① $\frac{9}{15}$
② $\frac{1}{4}$
③ $\frac{5}{12}$
④ $\frac{13}{15}$
⑤ $\frac{14}{15}$

21

☑ 이해도 ○ △ ×

아버지의 나이는 어머니보다 4살 많고 큰아들과 작은아들의 나이 차는 2살이다. 아버지와 어머니의 나이의 합은 큰아들의 나이보다 6배 많고 큰아들과 작은아들의 나이의 합이 40이라면 아버지의 나이는 몇인가?

① 59세
② 60세
③ 63세
④ 65세
⑤ 67세

22

☑ 이해도 ○ △ ×

A회사는 6일에 한 번씩 쉬며, B회사는 8일에 한 번씩 쉰다. 일요일에 처음 두 회사가 함께 휴일을 맞았다면, 4번째로 함께 휴일을 맞는 날은 무슨 요일인가?

① 화요일
② 수요일
③ 목요일
④ 금요일
⑤ 토요일

※ 다음 자료는 지식재산권 심판청구 현황에 관한 자료이다. 이어지는 물음에 답하시오. **[23~24]**

〈지식재산권 심판청구 현황〉

(단위 : 건, 개월)

구분		2017년	2018년	2019년	2020년
심판청구 건수	계	20,990	17,124	15,188	15,883
	특허	12,238	10,561	9,270	9,664
	실용신안	906	828	559	473
	디자인	806	677	691	439
	상표	7,040	5,058	4,668	5,307
심판처리 건수	계	19,473	16,728	15,552	16,554
	특허	10,737	9,882	9,632	9,854
	실용신안	855	748	650	635
	디자인	670	697	677	638
	상표	7,211	5,401	4,593	5,427
심판처리 기간	특허·실용신안	5.9	8.0	10.6	10.2
	디자인·상표	5.6	8.0	9.1	8.2

23 다음 중 자료를 보고 판단한 내용으로 올바르지 않은 것은?

☑ 이해도 ○ △ ×

① 2017년부터 2020년까지 수치가 계속 증가한 항목은 하나도 없다.
② 심판청구 건수보다 심판처리 건수가 더 많은 해도 있다.
③ 2017년부터 2020년까지 건수가 지속적으로 감소한 항목은 2개이다.
④ 2020년에는 특허·실용신안의 심판처리 기간이 2017년에 비해 70% 이상 더 길어졌다.
⑤ 2019년에는 모든 항목에서 다른 해보다 건수가 적고 기간이 짧다.

24 2017년 대비 2020년 실용신안 심판청구 건수 감소율은 얼마인가?

☑ 이해도 ○ △ ×

① 약 45.6%
② 약 47.8%
③ 약 49.7%
④ 약 52.0%
⑤ 약 53.4%

※ 다음은 보조배터리를 생산하는 K사의 시리얼 넘버에 대한 자료이다. 이어지는 질문에 답하시오. [25~26]

〈시리얼 넘버 부여 방식〉

시리얼 넘버는 [제품 분류]-[배터리 형태][배터리 용량][최대 출력]-[고속충전 규격]-[생산날짜] 순서로 부여한다.

〈시리얼 넘버 세부사항〉

제품 분류	배터리 형태	배터리 용량	최대 출력
NBP : 일반형 보조배터리 CBP : 케이스 보조배터리 PBP : 설치형 보조배터리	LC : 유선 분리형 LO : 유선 일체형 DK : 도킹형 WL : 무선형 LW : 유선+무선	4 : 40,000mAH 이상 3 : 30,000mAH 이상 2 : 20,000mAH 이상 1 : 10,000mAH 이상	A : 100W 이상 B : 60W 이상 C : 30W 이상 D : 20W 이상 E : 10W 이상
고속충전 규격	**생산날짜**		
P31 : USB – PD3.1 P30 : USB – PD3.0 P20 : USB – PD2.0	B3 : 2023년 B2 : 2022년 … A1 : 2011년	1 : 1월 2 : 2월 … 0 : 10월 A : 11월 B : 12월	01 : 1일 02 : 2일 … 30 : 30일 31 : 31일

25 다음 〈보기〉 중 시리얼 넘버가 잘못 부여된 제품은 모두 몇 개인가?

☑ 이해도 ○ △ ×

보 기

- NBP–LC4A–P20–B2102
- CBP–WK4A–P31–B0803
- NBP–LC3B–P31–B3230
- CNP–LW4E–P20–A7A29
- PBP–WL3D–P31–B0515
- CBP–LO3E–P30–A9002
- PBP–DK1E–P21–A8B12
- PBP–DK2D–P30–B0331
- NBP–LO3B–P31–B2203
- CBP–LC4A–P31–B3104

① 2개
② 3개
③ 4개
④ 5개
⑤ 6개

제4회 최종모의고사

26

☑ 이해도 ○ △ ×

K사 고객지원팀에 재직 중인 S주임은 보조배터리를 구매한 고객으로부터 다음과 같은 전화를 받았다. 해당 제품을 회사 데이터베이스에서 검색하기 위해 시리얼 넘버를 입력할 때, 고객이 보유 중인 제품의 시리얼 넘버로 가장 적절한 것은?

S주임 : 안녕하세요. K사 고객지원팀 S입니다. 무엇을 도와드릴까요?
고 객 : 안녕하세요. 지난번에 구매한 보조배터리가 작동을 하지 않아서요.
S주임 : 네, 고객님. 해당 제품 확인을 위해 시리얼 넘버를 알려 주시기 바랍니다.
고 객 : 제품을 들고 다니면서 시리얼 넘버가 적혀 있는 부분이 지워졌네요. 어떻게 하면 되죠?
S주임 : 고객님 혹시 구매하셨을때 동봉된 제품설명서를 가지고 계실까요?
고 객 : 네, 가지고 있어요.
S주임 : 제품설명서 맨 뒤에 제품 정보가 적혀 있는데요. 순서대로 불러 주시기 바랍니다.
고 객 : 설치형 보조배터리에 70W, 24,000mAH의 도킹형 배터리이고, 규격은 USB - PD3.0이고, 생산날짜는 2022년 10월 12일이네요.
S주임 : 확인 감사합니다. 고객님 잠시만 기다려 주세요.

① PBP-DK2B-P30-B1012
② PBP-DK2B-P30-B2012
③ PBP-DK3B-P30-B1012
④ PBP-DK3B-P30-B2012
⑤ PBP-DK2B-P30-B2112

27

☑ 이해도 ○ △ ×

다음 제시문을 바탕으로 추론할 수 있는 것은?

- 커피를 좋아하는 사람은 홍차를 좋아한다.
- 우유를 좋아하는 사람은 홍차를 좋아하지 않는다.
- 우유를 좋아하지 않는 사람은 콜라를 좋아한다.

① 커피를 좋아하는 사람은 콜라를 좋아하지 않는다.
② 우유를 좋아하는 사람은 콜라를 좋아한다.
③ 커피를 좋아하는 사람은 콜라를 좋아한다.
④ 우유를 좋아하지 않는 사람은 홍차를 좋아한다.
⑤ 콜라를 좋아하는 사람은 커피를 좋아하지 않는다.

※ 다음은 노인 맞춤 돌봄서비스 홍보를 위한 안내문이다. 이어지는 질문에 답하시오. [28~29]

〈노인 맞춤 돌봄서비스 안내문〉

• 노인 맞춤 돌봄서비스 소개
일상생활 영위가 어려운 취약노인에게 적절한 돌봄서비스를 제공하여 안정적인 노후생활 보장 및 노인의 기능, 건강 유지를 통해 기능 약화를 예방하는 서비스

• 서비스 내용
- 안전지원서비스 : 이용자의 전반적인 삶의 안전 여부를 전화, ICT 기기를 통해 확인하는 서비스
- 사회참여서비스 : 집단프로그램 등을 통해 사회적 참여의 기회를 지원하는 서비스
- 생활교육서비스 : 다양한 프로그램으로 신체적, 정신적 기능을 유지·강화하는 서비스
- 일상생활지원서비스 : 이동 동행, 식사 준비, 청소 등 일상생활을 지원하는 서비스
- 연계서비스 : 민간 후원, 자원봉사 등을 이용자에게 연계하는 서비스
- 특화서비스 : 은둔형·우울형 집단을 분리하여 상담 및 진료를 지원하는 서비스

• 선정 기준
만 65세 이상 국민기초생활수급자, 차상위계층, 또는 기초연금수급자로서 유사 중복사업 자격에 해당하지 않는 자

※ 유사 중복사업
1. 노인장기요양보험 등급자
2. 가사 간병방문 지원 사업 대상자
3. 국가보훈처 보훈재가복지서비스 이용자
4. 장애인 활동지원 사업 이용자
5. 기타 지방자치단체에서 시행하는 서비스 중 노인 맞춤 돌봄서비스와 유사한 재가서비스

• 특화서비스 선정 기준
- 은둔형 집단 : 가족, 이웃 등과 관계가 단절된 노인으로서 민·관의 복지지원 및 사회안전망과 연결되지 않은 노인
- 우울형 집단 : 정신건강 문제로 인해 일상생활 수행의 어려움을 겪거나 가족·이웃 등과의 관계 축소 등으로 자살, 고독사 위험이 높은 노인

※ 고독사 및 자살 위험이 높다고 판단되는 경우 만 60세 이상으로 하향 조정 가능

28 다음 중 윗글에 대한 설명으로 적절하지 않은 것은?

☑ 이해도 ○ △ ×

① 노인 맞춤 돌봄서비스를 받기 위해서는 만 65세 이상의 노인이어야 한다.
② 노인 맞춤 돌봄서비스는 노인의 정신적 기능 계발을 위한 서비스를 제공한다.
③ 은둔형 집단, 우울형 집단의 노인은 특화서비스를 통해 상담 및 진료를 받을 수 있다.
④ 노인 맞춤 돌봄서비스를 통해 노인의 현재 안전 상황을 모니터링할 수 있다.
⑤ 유사 중복사업 자격에 해당하는 경우 노인 맞춤 돌봄서비스를 지원받을 수 없다.

29 ☑ 이해도 ○ △ ×

다음은 K동 독거노인의 방문조사 결과이다. 조사한 인원 중 노인 맞춤 돌봄서비스 신청이 불가능한 사람은 모두 몇 명인가?

〈회사별 남녀 직원 비율〉

이름	성별	나이	소득수준	행정서비스 현황	특이사항
A	여	만 62세	차상위계층	–	우울형 집단
B	남	만 78세	기초생활수급자	국가유공자	–
C	남	만 81세	차상위계층	–	–
D	여	만 76세	기초연금수급자	–	–
E	여	만 68세	기초연금수급자	장애인 활동지원	–
F	여	만 69세	–	–	–
G	남	만 75세	기초연금수급자	가사 간병방문	–
H	여	만 84세	–	–	–
I	여	만 63세	차상위계층	–	우울형 집단
J	남	만 64세	차상위계층	–	–
K	여	만 84세	기초연금수급자	보훈재가복지	–

① 4명
② 5명
③ 6명
④ 7명
⑤ 8명

30 ☑ 이해도 ○ △ ×

다음 중 브레인스토밍(Brainstorming) 방식의 회의를 진행할 때 옳지 않은 것은?

① 아이디어가 많을수록 질적으로 우수한 아이디어가 나온다.
② 다수의 의견을 도출해낼 수 있는 사람을 회의의 리더로 선출한다.
③ 논의하고자 하는 주제를 구체적이고 명확하게 정한다.
④ 다른 사람의 의견을 듣고 자유롭게 비판한다.
⑤ 자유롭게 의견을 공유하고 모든 의견을 기록한다.

31 ☑ 이해도 ○△×

자사에 적합한 인재를 채용하기 위해 면접을 진행 중인 L회사의 2차 면접에서는 비판적 사고를 중심으로 평가한다고 할 때, 다음 중 가장 낮은 평가를 받게 될 지원자는?

① A지원자 : 문제에 대한 개선방안을 찾기 위해서는 먼저 자료를 충분히 분석하고, 이를 바탕으로 객관적이고 과학적인 해결방안을 제시해야 한다고 생각합니다.

② B지원자 : 저는 문제의 원인을 찾기 위해서는 항상 왜, 언제, 누가, 어디서 등의 다양한 질문을 던져야 한다고 생각합니다. 이러한 호기심이 결국 해결방안을 찾는 데 큰 도움이 된다고 생각하기 때문입니다.

③ C지원자 : 저는 제 나름의 신념을 갖고 문제에 대한 해결방안을 찾으려 노력합니다. 상대방의 의견이 제 신념에서 벗어난다면 저는 인내를 갖고 끝까지 상대를 설득할 것입니다.

④ D지원자 : 해결방안을 도출하는 데 있어서는 개인의 감정적·주관적 요소를 배제해야 합니다. 사사로운 감정이나 추측보다는 경험적으로 입증된 증거나 타당한 논증을 토대로 판단해야 합니다.

⑤ E지원자 : 저는 제가 생각한 해결방안이 부적절할 수도 있음을 이해하고 있습니다. 다른 사람의 해결방안이 더 적절하다면 그 사람의 의견을 받아들이는 태도가 필요하다고 생각합니다.

32 ☑ 이해도 ○△×

다음은 J기술원 소속 인턴들의 직업선호 유형 및 책임자의 관찰 사항에 대한 자료이다. 아래 자료를 참고할 때, 소비자들의 불만을 접수해서 처리하는 업무를 맡기기에 가장 적합한 인턴은?

〈직업선호 유형 및 책임자의 관찰 사항〉

구분	유형	유관 직종	책임자의 관찰 사항
A인턴	RI	DB개발, 요리사, 철도기관사, 항공기 조종사, 직업군인, 운동선수, 자동차 정비원	부서 내 기기 사용에 문제가 생겼을 때 해결방법을 잘 찾아냄
B인턴	AS	배우, 메이크업 아티스트, 레크리에이션 강사, 광고기획자, 디자이너, 미술교사, 사회복지사	자기주장이 강하고 아이디어가 참신한 경우가 종종 있었음
C인턴	CR	회계사, 세무사, 공무원, 비서, 통역가, 영양사, 사서, 물류전문가	무뚝뚝하나 잘 흥분하지 않으며, 일처리가 신속하고 정확함
D인턴	SE	사회사업가, 여행안내원, 교사, 한의사, 응급구조 요원, 스튜어디스, 헤드헌터, 국회의원	부서 내 사원들에게 인기 있으나 일처리는 조금 늦은 편임
E인턴	IA	건축설계, 게임기획, 번역, 연구원, 프로그래머, 의사, 네트워크엔지니어	분석적이나 부서 내에서 잘 융합되지 못하고, 겉도는 것처럼 보임

① A인턴
② B인턴
③ C인턴
④ D인턴
⑤ E인턴

33 일정한 규칙으로 수를 나열할 때, 빈칸에 들어갈 알맞은 수를 고르면?

☑ 이해도 ○ △ ×

$\frac{39}{16}$ $\frac{13}{9}$ $\frac{13}{12}$ $\frac{13}{18}$ ( ) $\frac{26}{81}$

① $\frac{13}{9}$
② $\frac{14}{18}$
③ $\frac{13}{18}$
④ $\frac{14}{9}$
⑤ $\frac{13}{27}$

34 일정한 규칙으로 문자를 나열할 때, 빈칸에 들어갈 알맞은 문자를 고르면?

☑ 이해도 ○ △ ×

ㄴ ㅁ ㅈ ㅎ ㅂ ( )

① ㅍ
② ㅂ
③ ㅈ
④ ㄱ
⑤ ㅊ

35 일정한 규칙으로 문자를 나열할 때, 빈칸에 들어갈 알맞은 문자를 고르면?

☑ 이해도 ○ △ ×

N ㅅ R ㅈ T ㅊ ( )

① ㅁ
② U
③ K
④ ㅎ
⑤ ㄷ

36 일정한 규칙으로 도형을 나열할 때, ?에 들어갈 알맞은 도형을 고르면?

☑ 이해도

○	△	×

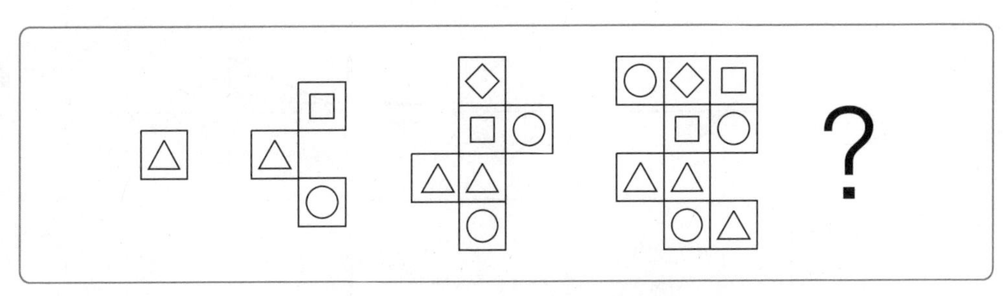

①

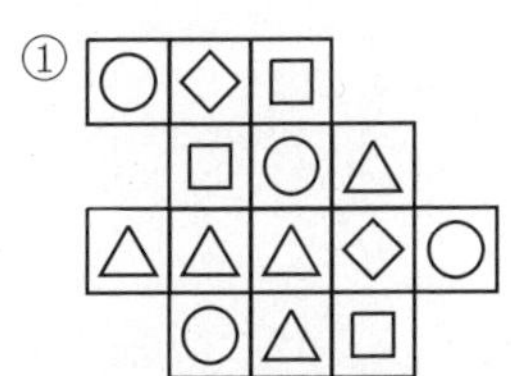

②

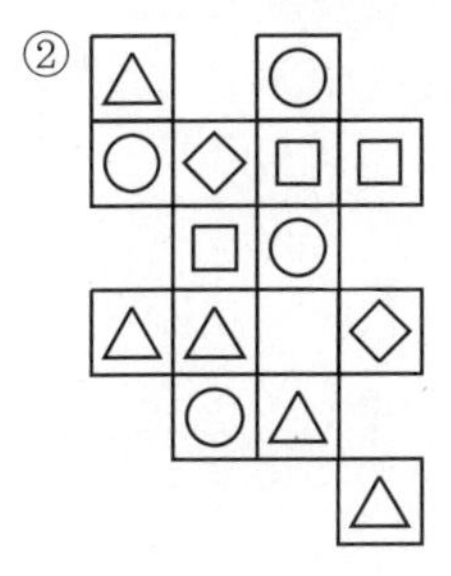

③

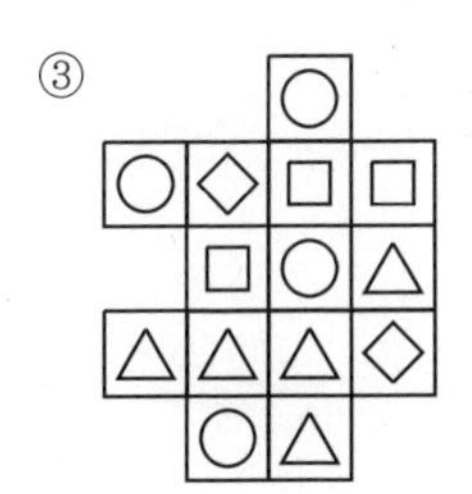

④

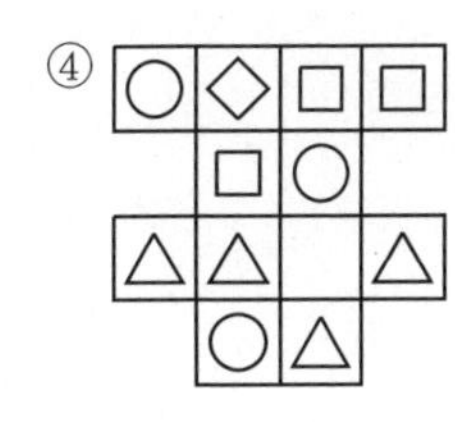

⑤

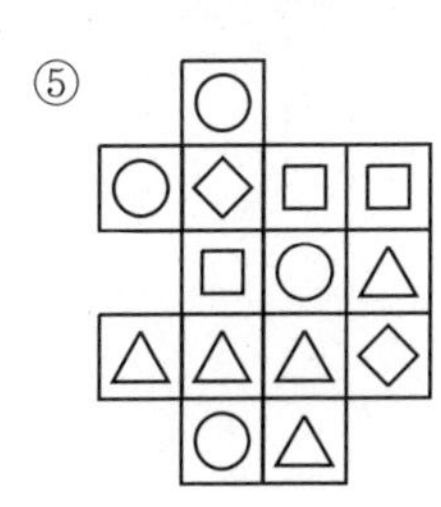

37

☑ 이해도
○ △ ×

다음 도형이 일정한 규칙을 따른다고 할 때, ?에 들어갈 알맞은 도형을 고르면?

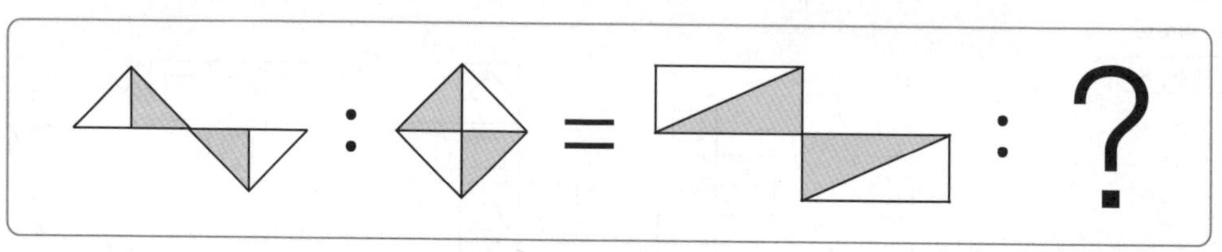

①

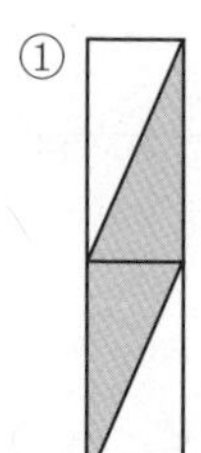

②

③

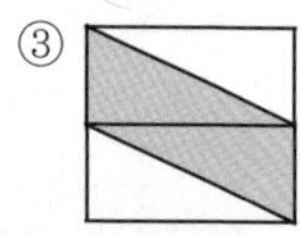

④

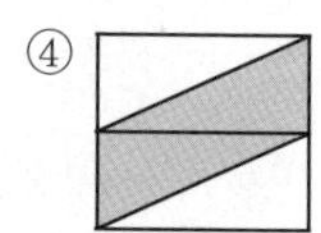

⑤

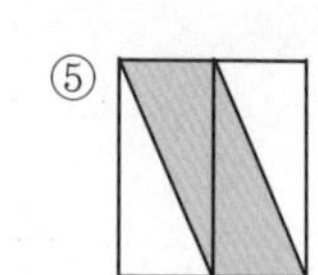

38

☑ 이해도
○ △ ×

다음에서 왼쪽에 제시된 문자 또는 기호와 같은 것의 개수는?

神	防北神放放頌防珍防快神新快快神快珍珍新快神鎭珍珍防北放放快防神放

① 4개
② 5개
③ 6개
④ 7개
⑤ 8개

39

☑ 이해도

○	△	×

다음 도형이 일정한 규칙을 따른다고 할 때, ?에 들어갈 알맞은 도형은?

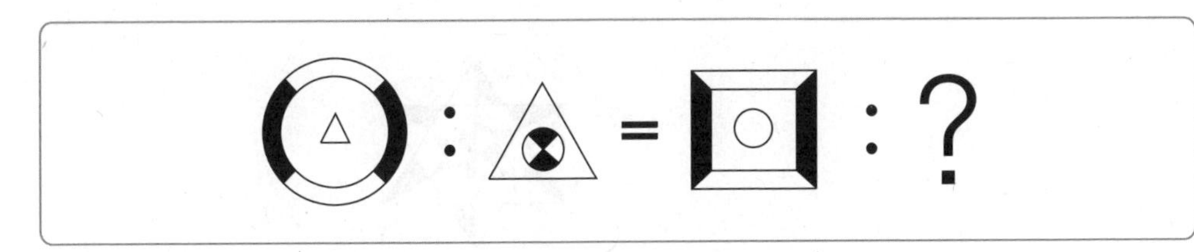

①

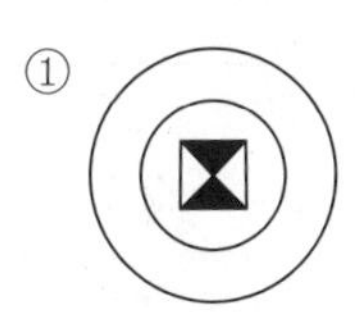

②

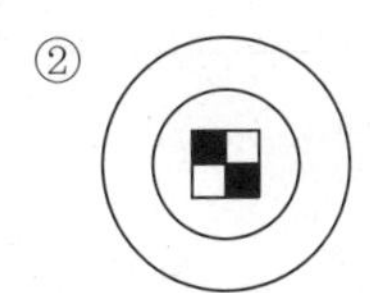

③

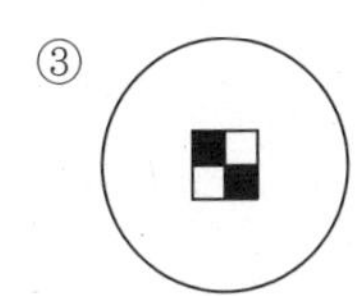

④

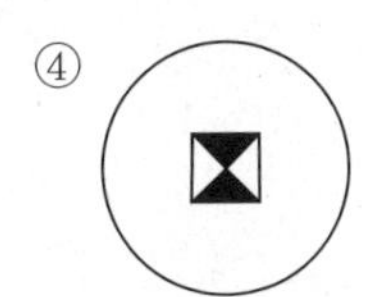

⑤

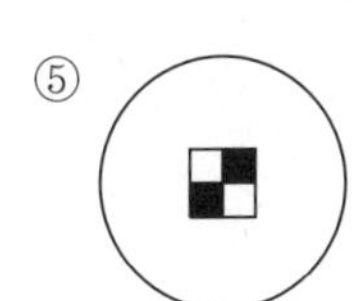

40

☑ 이해도

○	△	×

다음 블록의 개수는 몇 개인가?(단, 보이지 않는 곳의 블록은 있다고 가정한다)

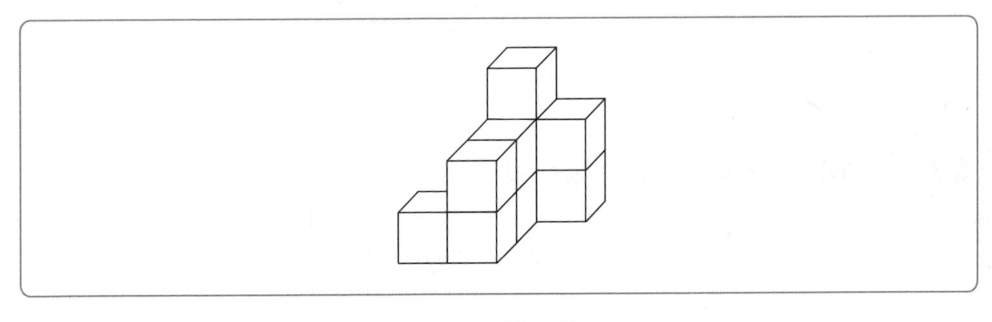

① 10개
② 11개
③ 12개
④ 13개
⑤ 14개

41

☑ 이해도 ○ △ ×

다음 중 제시된 도형과 같은 것은?

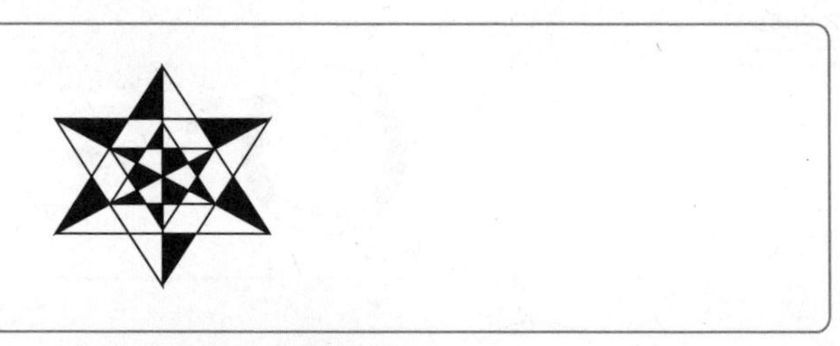

①

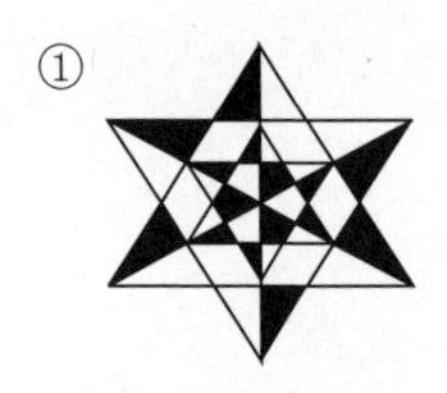

②

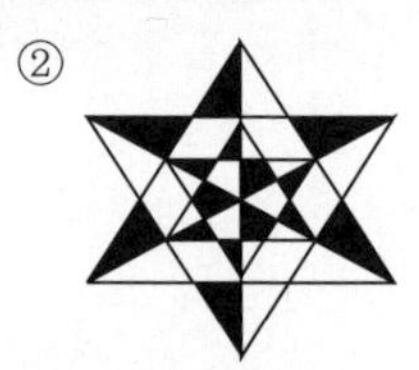

③

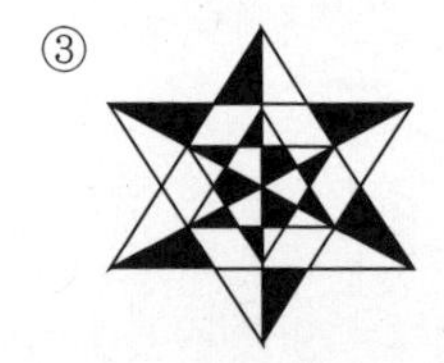

④

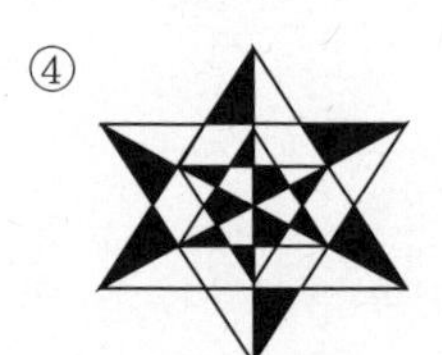

⑤

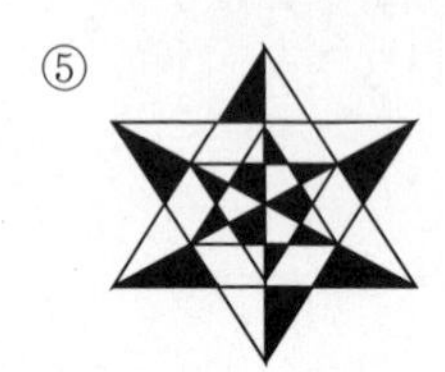

42

☑ 이해도 ○ △ ×

다음 규칙에 따라 알맞게 변형한 것은?

%a&b – 갸겨교규

① a%b& – 겨갸교규
② ba&% – 규겨갸교
③ &%ba – 교겨갸규
④ %ba& – 갸규겨교
⑤ &ab% – 겨겨교갸

43 다음 중 나머지 도형과 다른 것은?

☑ 이해도 ○ △ ×

① 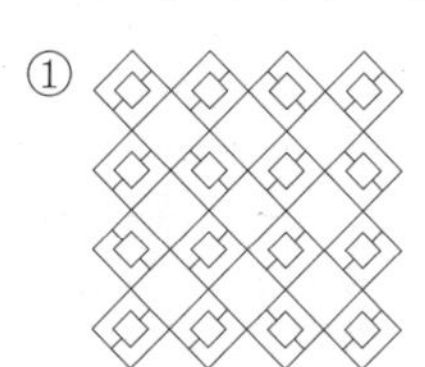

② 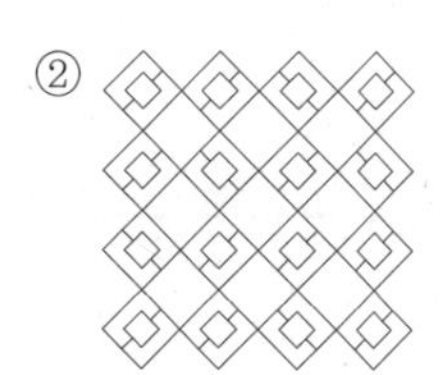

③ 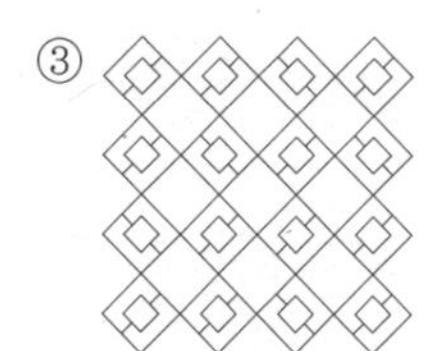

④ 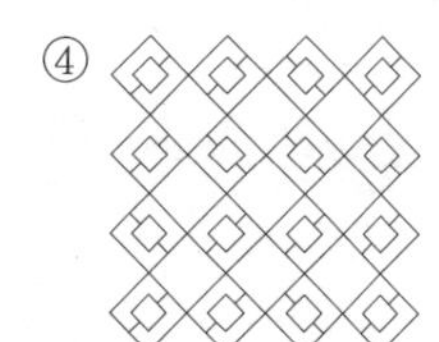

⑤

44 다음 제시된 문자와 같은 것의 개수는?

☑ 이해도 ○ △ ×

818

610	331	601	838	811	818	848	688	881	918	998	518
306	102	37	98	81	881	668	618	718	993	523	609
109	562	640	718	266	891	871	221	105	691	860	216
881	913	571	130	164	471	848	946	220	155	676	819

① 1개
② 2개
③ 3개
④ 4개
⑤ 5개

45

☑ 이해도 ○ △ ×

다음 중 제시된 단어와 반대되는 의미를 가진 것은?

diligent

① lazy
② stupid
③ eager
④ latest
⑤ simple

46

☑ 이해도 ○ △ ×

다음 중 제시된 단어와 같거나 비슷한 뜻을 가진 것은?

convince

① persuade
② decline
③ deliberate
④ dispose
⑤ contribute

47

☑ 이해도 ○ △ ×

주어진 글의 다음에 이어질 문장의 순서로 가장 알맞은 것은?

How long are you planning to stay?

(A) Just ten days.
(B) I'm here on a tour.
(C) What's the purpose of your trip?

① (A) – (B) – (C)
② (A) – (C) – (B)
③ (B) – (A) – (C)
④ (B) – (C) – (A)
⑤ (C) – (A) – (B)

48

☑ 이해도

○	△	×

귀하는 K사의 작업장 안전관리를 담당하고 있다. 최근 작업장의 바닥이 미끄러워서 재해가 발생된 사례가 있어 다음과 같은 예방 대책 및 관리 방법을 마련하였다. 귀하가 작업장 내에 있는 작업자에게 경고할 내용으로 적절하지 않은 것은?

- 재해예방 대책
  - 옥내 · 외 작업장 바닥의 상태와 정리정돈 상태를 확인한다.
  - 옥내 · 외 작업장의 바닥이 근로자가 넘어지거나 미끄러지는 등의 위험이 없도록 안전하고 청결한 상태를 잘 유지하고, 제품 · 자재 · 부재 등이 넘어지지 않도록 지지 등의 안전조치를 한다.
  - 작업장 정리정돈은 모든 생산 활동에 있어 꼭 필요한 안전조치 사항이며, 품질과 생산성 향상에도 큰 영향을 주므로 근로자 스스로 작업장을 정리정돈하고 이를 습관화하도록 하여야 한다.
- 주요 넘어짐 위험에 대한 관리 방법

넘어짐 위험	관리 방법
물질의 엎지름으로 인한 축축한 바닥	• 엎질러진 것을 즉시 치운다. • 바닥을 깨끗하게 하고 난 후에는 바닥이 잠시 동안 축축할 수 있기 때문에 이때 적당한 표시로 바닥이 아직도 축축하다고 공지하고 대안으로 우회로를 만든다.
케이블의 끌림	• 케이블이 보행로를 가로지르는 것을 피하기 위해 장비를 제자리에 위치시킨다. • 표면에 안전하게 고정시키기 위해 케이블 커버를 사용하고 접촉을 막기 위해 출입을 통제한다.
잡다한 쓰레기	주위를 깨끗하게 유지하고, 쓰레기를 치워서 쌓이지 않게 한다.
양탄자 · 매트	양탄자 · 매트는 안전하게 고정시키고 가장자리가 주름지지 않게 한다.
매끄러운 표면	바닥 표면이 미끄러워진 원인을 조사하고 그에 상응한 대책을 세운다.
불량한 조명	바닥의 모든 곳에 조명이 골고루 비치게 하기 위해 조명 밝기와 조명 위치를 개선한다.
젖은 바닥에서 건조한 바닥 표면으로 변화	• 적합한 신발을 신는다. • 표지를 이용하여 위험을 알리고 변화가 있는 곳에 매트를 놓는다.
높이 변화	조명을 개선하고, 계단 발판에 디딤코를 덧댄다.
경사	계단 난간을 만들고, 바닥 표시를 하고, 시야를 확보한다.
시야를 가리고 있는 연기 · 증기	• 위험 지역의 연기 · 증기의 방향을 바꿈으로써 연기 · 증기를 없애거나 조절한다. • 환기를 개선한다.
부적합한 신발류	특히 발바닥의 정확한 형태에 맞추어 근로자가 적당한 신발류를 선택하게 한다. 만일 작업 형태가 특수한 보호 신발류를 필요로 하면 근로자에게 그것을 무료로 제공한다.

① 작업장 전체를 청결한 상태로 유지하시고, 특히 작업자가 지나다니는 길에 적재물이 넘어지지 않도록 조치해 주세요.

② 바닥 청소 후 축축할 경우, 경고판을 설치하고 통행을 금지해 사고위험을 제거해 주세요.

③ 작업상 매트를 설치할 경우, 가장자리가 주름지지 않도록 안전하게 고정해 주세요.

④ 바닥에 조명이 골고루 비칠 수 있도록 밝기와 위치를 점검하시고, 불량한 조명은 개선해 주세요.

⑤ 작업자에게 맞는 신발류를 선택하도록 권고하시고, 특수한 업무를 진행할 경우 그에 맞는 보호 신발류를 무료로 제공해 주세요.

49

☑ 이해도

○ △ ×

다음은 사교육의 과목별 동향에 관한 자료이다. 〈보기〉에 대한 설명으로 옳은 것을 모두 고른 것은?

〈과목별 동향〉

(단위 : 명, 원)

구분		2016년	2017년	2018년	2019년	2020년	2021년
국·영·수	월 최대 수강자 수	368	388	379	366	359	381
	월 평균 수강자 수	312	369	371	343	341	366
	월 평균 수업료	550,000	650,000	700,000	700,000	700,000	750,000
탐구	월 최대 수강자 수	241	229	281	315	332	301
	월 평균 수강자 수	218	199	253	289	288	265
	월 평균 수업료	350,000	350,000	400,000	450,000	500,000	500,000

보 기

ㄱ. 국·영·수의 월 최대 수강자 수와 평균 수강자 수는 같은 증감 추이를 보인다.
ㄴ. 국·영·수의 월 평균 수업료는 월 최대 수강자 수와 같은 증감 추이를 보인다.
ㄷ. 국·영·수의 월 최대 수강자 수의 전년 대비 증가율은 2021년이 가장 높다.
ㄹ. 2016 ~ 2021년까지 월 평균 수강자 수가 국·영·수 과목이 최대였을 때는 탐구 과목이 최소였고, 국·영·수 과목이 최소였을 때는 탐구 과목이 최대였다.

① ㄱ ② ㄷ
③ ㄱ, ㄷ ④ ㄱ, ㄹ
⑤ ㄴ, ㄹ

50

☑ 이해도

○	△	×

다음은 S공단에 근무하는 주혜란 사원의 급여명세서이다. 주사원이 10월에 시간 외 근무를 10시간 했을 때, 시간 외 수당으로 받는 금액은 얼마인가?

〈급여지급명세서〉

사번	A26	성명	주혜란
소속	회계팀	직급	사원

• 지급 내역

지급항목(원)		공제항목(원)	
기본급여	1,800,000	주민세	4,500
시간 외 수당	(　　　)	고용보험	14,400
직책수당	0	건강보험	58,140
상여금	0	국민연금	81,000
특별수당	100,000	장기요양	49,470
교통비	150,000		
교육지원	0		
식대	100,000		
급여 총액	2,150,000	공제 총액	207,510

※ (시간 외 수당)=(기본급)$\times\frac{\text{(시간 외 근무 시간)}}{200}\times$150%

① 135,000원

② 148,000원

③ 167,000원

④ 195,000원

⑤ 205,000원

제4회 최종모의고사

우리가 해야 할 일은 끊임없이 호기심을 갖고
새로운 생각을 시험해보고 새로운 인상을 받는 것이다.

- 월터 페이터 -

최종모의고사
제5회

영역 및 시험시간

영역	문항 수	시험시간
의사소통능력 + 수리능력 + 문제해결능력 + 추리능력 + 지각능력 + 영어능력	50문항	50분

제5회 | 최종모의고사(혼합형)

정답 p.163

01

이해도 ○ △ ×

다음 문맥상 빈칸에 들어갈 말로 가장 적절한 것은?

과학은 한 형태의 자연에 대한 지식이라는 사실 그 자체만으로도 한없이 귀중하다. 과학적 기술이 인류에게 가져온 지금까지의 혜택은 이성적인 사람이라면 부정할 수 없다. 앞으로도 보다 많고 보다 정확한 과학 지식과 고도로 개발된 과학적 기술이 필요하다. 그러나 문제의 핵심은 생태학적이고 예술적인 자연관, 즉 존재 일반에 대한 넓고 새로운 시각과 포괄적인 맥락에서 과학적 지식 및 기술의 의미에 눈을 뜨고 그러한 지식과 기술을 활용함에 있다. 그렇지 않고 오늘날과 같은 추세로 그러한 지식과 기술을 당장의 욕망을 위해서 인간 중심적으로 개발하고 이용한다면 그 효과가 당장에는 인간에게 만족스럽다 해도 머지않아 자연의 파괴뿐만 아니라 인간적 삶의 파괴, 그리고 궁극적으로는 인간 자신의 멸망을 초래하고 말 것이다. 한마디로 지금 우리에게 필요한 것은 과학적 비전과 과학적 기술의 의미를 보다 포괄적인 의미에서 이해하는 작업이라고 할 수 있다. 이러한 작업을 (   )라 불러도 적절할 것 같다.

① 예술의 다양화
② 예술의 기술화
③ 과학의 예술화
④ 과학의 현실화
⑤ 예술의 과학화

02

이해도 ○ △ ×

다음 중 '빌렌도르프의 비너스'에 대한 설명으로 옳은 것은?

1909년 오스트리아 다뉴브 강가의 빌렌도르프 근교에서 철도 공사를 하던 중 구석기 유물이 출토되었다. 이 중 눈여겨볼 만한 것이 '빌렌도르프의 비너스'라 불리는 여성 모습의 석상이다. 대략 기원전 2만년의 작품으로 추정되나 구체적인 제작연대나 용도 등에 대해 알려진 바가 거의 없다. 높이 11.1cm의 이 작은 석상은 굵은 허리와 둥근 엉덩이에 커다란 유방을 늘어뜨리는 등 여성 신체가 과장되게 묘사되어 있다. 가슴 위에 올려놓은 팔은 눈에 띄지 않을 만큼 작으며, 땋은 머리에 가려 얼굴이 보이지 않는다. 출산, 다산의 상징으로 주술적 숭배의 대상이 되었던 것이라는 의견이 지배적이다. 태고의 이상적인 여성을 나타내는 것이라고 보는 의견이나, 선사 시대 유럽의 풍요와 안녕의 상징이었다고 보는 의견도 있다.

① 팔은 떨어져 나가고 없다.
② 빌렌도르프라는 사람에 의해 발견되었다.
③ 부족장의 부인을 모델로 만들어졌다.
④ 구석기 시대의 유물이다.
⑤ 평화의 상징이라는 의견이 지배적이다.

03 다음 A의 주장에 효과적으로 반박할 수 있는 진술은?

☑ 이해도 ○ △ ×

A : 우리나라는 경제 성장과 국민 소득의 향상으로 매년 전력소비가 증가하고 있습니다. 이런 와중에 환경 문제를 이유로 발전소를 없앤다는 것은 말도 안 되는 소리입니다. 반드시 발전소를 증설하여 경제 성장을 촉진해야 합니다.
B : 하지만 최근 경제 성장 속도에 비해 전력소비량의 증가가 둔화되고 있는 것도 사실입니다. 더구나 전력소비에 대한 시민의식도 점차 바뀌어가고 있으므로 전력소비량 관련 캠페인을 실시하여 소비량을 줄인다면 발전소를 증설하지 않아도 됩니다.
A : 의식의 문제는 결국 개인에게 기대하는 것이고, 희망적인 결과만을 생각한 것입니다. 확실한 것은 앞으로 우리나라 경제 성장에 있어 더욱더 많은 전력이 필요할 것이라는 겁니다.

① 친환경 발전으로 환경과 경제 문제를 동시에 해결할 수 있다.
② 경제 성장을 하면서도 전력소비량이 감소한 선진국의 사례도 있다.
③ 최근 국제 유가의 하락으로 발전비용이 저렴해졌다.
④ 발전소의 증설이 건설경제의 선순환 구조를 이룩할 수 있는 것이 아니다.
⑤ 우리나라 시민들의 전기소비량에 대한 인식조사를 해야 한다.

04 다음 글을 읽고 작성 방법을 분석한 것으로 올바른 것은?

☑ 이해도 ○ △ ×

교육센터는 7가지 코스로 구성된다. 먼저, 기초훈련코스에서는 자동차 특성의 이해를 통해 안전운전의 기본능력을 향상시킨다. 자유훈련코스는 운전자의 운전자세 및 공간지각 능력에 따른 안전위험요소를 교육한다. 위험회피코스에서는 돌발 상황 발생 시 위험회피 능력을 향상시키며, 직선제동코스에서는 다양한 도로환경에 적응하여 긴급상황 시 효과적으로 제동할 수 있도록 교육한다. 빗길제동코스에서는 빗길 주행 시 위험요인을 체득하여 안전운전 능력을 향상시키고, 곡선주행코스에서는 미끄러운 곡선주행에서 안전운전을 할 수 있도록 가르친다. 마지막으로 일반·고속주행코스에서는 속도에 따라 발생할 수 있는 다양한 위험요인의 대처 능력을 향상시켜 방어운전 요령을 습득하도록 돕는다. 이외에도 친환경 운전 방법 '에코 드라이브'에 대해 교육하는 에코 드라이빙존, 안전한 교차로 통행 방법을 가르치는 딜레마존이 있다. 안전운전의 기본은 사업용 운전자의 올바른 습관이다. 교통안전 체험교육센터에서 교육만 받더라도 교통사고 발생확률이 크게 낮아진다.

① 여러 가지를 비교하면서 그 우월성을 논하고 있다.
② 각 구조에 따른 특성을 대조하고 있다.
③ 상반된 결과를 통해 결론을 도출하고 있다.
④ 각 구성에 따른 특징과 그에 따른 기대 효과를 설명하고 있다.
⑤ 의견의 타당성을 검증하기 위해 수치를 제시하고 있다.

※ 다음 글을 읽고 이어지는 질문에 답하시오. [05~06]

(가) 경영학 측면에서도 메기 효과는 한국, 중국 등 고도 경쟁사회인 동아시아 지역에서만 제한적으로 사용되며 영미권에서는 거의 사용되지 않는다. 기획재정부의 조사에 따르면 메기에 해당하는 해외 대형 가구업체인 이케아(IKEA)가 국내에 들어오면서 청어에 해당하는 중소 가구업체의 입지가 더욱 좁아졌다고 한다. 이처럼 경영학 측면에서도 메기 효과는 제한적으로 파악될 뿐 과학적으로는 검증되지 않은 가설이다.

(나) 결국 과학적으로 증명되진 않았지만 메기 효과는 '경쟁'의 양면성을 보여 주는 가설이다. 기업의 경영에서 위협이 발생하였을 때, 위기감에 의한 성장 동력을 발현시킬 수는 있을 것이다. 그러나 무한 경쟁사회에서 규제 등의 방법으로 적정 수준을 유지하지 못한다면 거미의 등장으로 인해 폐사한 메뚜기와 토양처럼, 거대한 위협이 기업과 사회를 항상 좋은 방향으로 이끌어 나가지는 않을 것이다.

(다) 그러나 메기 효과가 전혀 시사점이 없는 것은 아니다. 이케아가 국내에 들어오면서 도산할 것으로 예상되었던 일부 국내 가구업체들이 오히려 성장하는 현상 또한 관찰되고 있다. 강자의 등장으로 약자의 성장 동력이 어느 정도는 발현되었다는 것을 보여 주는 사례라고 할 수 있다.

(라) 그러나 최근에는 메기 효과가 과학적으로 검증되지 않았고 과장되어 사용되고 있으며 심지어 거짓이라고 주장하는 사람들이 있다. 먼저 메기 효과의 기원부터 의문점이 있다. 메기는 민물고기로 바닷물고기인 청어는 메기와 관련이 없으며, 실제로 북유럽의 어부들이 수조에 메기를 넣었을 때 청어에게 효과가 있었는지 검증되지 않았다. 이와 비슷한 사례인 메뚜기와 거미의 경우는 과학적으로 검증된 바 있다. 2012년 『사이언스』에서 제한된 공간에 메뚜기와 거미를 두었을 때 메뚜기들은 포식자인 거미로 인해 스트레스의 수치가 증가하고 체내 질소 함량이 줄어들었으며, 죽은 메뚜기에 포함된 질소 함량이 줄어들면서 토양 미생물도 줄어들고 토양은 황폐화되었다.

(마) 우리나라에서 '경쟁'과 관련된 이론 중 가장 유명한 것은 영국의 역사가 아놀드 토인비가 주장했다고 하는 '메기 효과(Catfish Effect)'이다. 메기 효과란 냉장시설이 없었던 과거에 북유럽의 어부들이 잡은 청어를 싱싱하게 운반하기 위하여 수조 속에 천적인 메기를 넣어 끊임없이 움직이게 했다는 것이다. 이 가설은 경영학계에서 비유적으로 사용된다. 다시 말해 기업의 경쟁력을 키우기 위해서는 적절한 위협과 자극이 필요하다는 것이다.

05 윗글의 문단을 논리적 순서대로 바르게 나열한 것은?

☑ 이해도 ○ △ ×

① (가) – (라) – (나) – (다) – (마)
② (다) – (가) – (나) – (라) – (마)
③ (다) – (마) – (가) – (나) – (라)
④ (마) – (가) – (라) – (다) – (나)
⑤ (마) – (라) – (가) – (다) – (나)

06

☑ 이해도

○ △ ×

다음 중 윗글의 내용으로 적절하지 않은 것은?

① 거대 기업의 출현은 해당 시장의 생태계를 파괴할 수도 있다.
② 메기 효과는 과학적으로 검증되지 않았으므로 낭설에 불과하다.
③ 발전을 위해서는 기업 간 경쟁을 적정 수준으로 유지해야 한다.
④ 메기 효과는 경쟁을 장려하는 사회에서 널리 사용되고 있다.
⑤ 강자의 등장이 약자의 성장에 어느 정도 도움이 될 때도 있다.

07

☑ 이해도

○ △ ×

다음 글을 읽고 바르게 이해하지 못한 것은?

> **폐자원 에너지화, 환경을 지키는 신기술**
>
> 사람들이 살아가기 위해서는 물, 토양, 나무 등 수많은 자원을 소비해야 한다. 산업이 발전하면서 소비되는 자원들의 종류와 양도 급격히 늘어났다. 그만큼 폐기물도 꾸준히 발생했고, 자원 고갈과 폐기물 처리는 인간의 지속 가능한 삶을 위해 중요한 문제로 떠올랐다. 우리나라에서 하루 평균 발생하는 폐기물은 약 40만 5,000톤으로 추정된다. 건설폐기물, 사업장폐기물, 생활폐기물 등 종류도 다양하다. 과거에는 폐기물을 소각하거나 매립했지만 이로 인해 또 다른 환경오염이 추가로 발생해 사람들의 삶을 위협하는 수준까지 이르렀다.
>
> 폐자원 에너지화(Waste to Energy)는 폐기물을 다시 에너지로 만드는 친환경적인 방법이다. 고형연료 제조, 열분해, 바이오가스, 소각열 회수 등 다양한 폐기물의 재생 에너지화 기술이 대표적이다. 화석 연료 등 한정된 자원의 사용빈도를 줄이고 폐기물을 최대한 재이용 또는 재활용함으로써 폐기물의 부피를 줄이는 장점이 있다. 또한, 폐기물 처리비용이 획기적으로 줄어들어 환경을 지키는 대안으로 주목받고 있다. 하지만 우리나라는 이와 관련한 대부분 핵심기술을 해외에 의지하고 있다. 전문 인력의 수도 적어 날로 발전하는 환경기술 개발과 현장 대응에 어려움을 겪는 상황이다.

① 폐기물 소각 시 또 다른 환경오염이 발생할 수 있다.
② 폐기물을 에너지화하여 다시 활용한다면 폐기물 처리비용이 줄어들 수 있다.
③ 하루 평균 약 40만 5,000톤의 폐기물이 발생하는데, 여기에는 건설폐기물, 사업장폐기물, 생활폐기물 등이 있다.
④ 우리나라는 폐자원 에너지화에 대한 기술과 인력이 부족해 현재 시행하지 않고 있다.
⑤ 우리나라는 폐자원 에너지화에 긍정적인 생각을 하고 있으나, 해외에 의존하고 있다.

08

☑ 이해도 ○ △ ×

다음 제시문을 바탕으로 추론할 수 있는 것을 고르면?

- 관수는 보람이보다 크다.
- 창호는 보람이보다 작다.
- 동주는 관수보다 크다.
- 인성이는 보람이보다 작지 않다.

① 인성이는 창호보다 크고 관수보다 작다.
② 보람이는 동주, 관수보다 작지만 창호보다는 크다.
③ 창호는 관수, 보람이보다 작지만 인성이보다 크다.
④ 동주는 관수, 보람, 창호, 인성이보다 크다.
⑤ 창호는 키가 가장 작지 않다.

09

☑ 이해도 ○ △ ×

다음 제시된 낱말의 대응 관계로 볼 때, 빈칸에 들어가기에 알맞은 것은?

임대물반환청구권 : 부속물매수청구권 = (   ) : (   )

① 관리인, 시공사
② 조합, 임대인
③ 시공사, 임차인
④ 임대인, 임차인
⑤ 조합, 시공사

10

☑ 이해도 ○ △ ×

밑줄 친 부분과 같은 의미로 쓰인 것은?

우리 회사는 이번 정부 사업에서 판매권을 따다.

① 선영이네 과일 가게는 막내딸 선영이의 이름을 딴 것이다.
② 이 병을 따기 위해서는 병따개가 필요할 것 같아.
③ 지난 올림픽에서 금메달을 딴 선수는 이번 경기에서도 좋은 소식을 전해 줄 것이다.
④ 오늘 아침 사장님의 발언 중 중요한 내용만 따서 별도로 기록해주세요.
⑤ 서글서글한 막내 사위는 이번 가족 행사에서 장인어른에게 많은 점수를 땄다.

11

☑ 이해도 ○ △ ×

철호는 50만원으로 K가구점에서 식탁 1개와 의자 2개를 사고, 남은 돈은 모두 장미꽃을 구매하는 데 쓰려고 한다. 판매하는 가구의 가격이 다음과 같을 때, 구매할 수 있는 장미꽃의 수는?(단, 장미꽃은 한 송이당 6,500원이다)

〈K가구점 가격표〉

종류	책상	식탁	침대	의자	옷장
가격	25만원	20만원	30만원	10만원	40만원

※ 30만원 이상 구매 시 10% 할인

① 20송이
② 21송이
③ 22송이
④ 23송이
⑤ 24송이

12

☑ 이해도 ○ △ ×

S공단은 연례체육대회를 맞이하여 본격적인 경기 시작 전 흥미를 돋우기 위해 퀴즈대회를 개최하였다. 퀴즈대회 규칙은 다음과 같다. 대회에 참여한 A대리가 얻은 점수가 60점이라고 할 때, A대리가 맞힌 문제 개수는?

〈퀴즈대회 규칙〉

- 모든 참가자는 총 20문제를 푼다.
- 각 문제를 맞힐 경우 5점을 얻게 되며, 틀릴 경우 3점을 잃게 된다.
- 20문제를 모두 푼 후, 참가자가 제시한 답의 정오에 따라 문제별 점수를 합산하여 참가자의 점수를 계산한다.

① 8개
② 10개
③ 12개
④ 15개
⑤ 16개

13

☑ 이해도 ○ △ ×

K인터넷카페의 4월 회원 수는 260명 미만이었고, 남녀의 비는 2:3이었다. 5월에는 남자보다 여자가 2배 더 가입하여 남녀의 비는 5:8이 되었고, 전체 회원 수는 320명을 넘었다. 5월 전체 회원의 수는?

① 322명
② 323명
③ 324명
④ 325명
⑤ 326명

14 ☑ 이해도 ○ △ ×

어떤 학급에서 이어달리기 대회 대표로 A~E학생 5명 중 3명을 순서와 상관없이 뽑을 수 있는 경우의 수는?

① 5가지
② 10가지
③ 20가지
④ 60가지
⑤ 120가지

※ 다음 식을 계산한 값으로 옳은 것을 고르시오. [15~16]

15 ☑ 이해도 ○ △ ×

$$5,322\times2+3,190\times3$$

① 20,014
② 20,114
③ 20,214
④ 20,314
⑤ 20,414

16 ☑ 이해도 ○ △ ×

$$5^3-4^3-2^2+7^3$$

① 370
② 380
③ 390
④ 400
⑤ 410

17 ☑ 이해도 ○ △ ×

수학과에 재학 중인 P씨는 자신의 나이로 문제를 만들었다. 자신의 나이에서 4살을 빼고 27을 곱한 다음 1을 더한 값을 2로 나누면 A가 나오고, 자신의 나이 2배에서 1을 빼고 3을 곱한 값과 자신의 나이에서 5배를 하고 2를 더한 다음 2를 곱한 값의 합을 반으로 나눈 값은 A보다 56이 적다고 할 때, P씨의 나이는?

① 20살
② 25살
③ 30살
④ 35살
⑤ 40살

18

☑ 이해도

○ △ ×

제시된 내용을 바탕으로 내린 결론 A, B에 대한 판단으로 적절한 것은?

- 정육점에는 다섯 종류의 고기를 팔고 있다.
- 소고기가 닭고기보다 비싸다.
- 오리고기보다 비싸면 돼지고기이다.
- 소고기 2kg의 가격이 염소고기 4kg의 가격과 같다.
- 오리고기가 소고기보다 비싸다.

A : 닭고기보다 비싼 고기 종류는 세 가지이다.
B : 가격의 순위를 정하는 경우의 수는 세 가지이다.

① A만 옳다.
② B만 옳다.
③ A, B 모두 옳다.
④ A, B 모두 틀리다.
⑤ A, B 모두 옳은지 틀린지 판단할 수 없다.

19

☑ 이해도

○ △ ×

다음 상황에 가장 적절한 사자성어는?

아무개는 어릴 때부터 능력이 뛰어났다. 학교를 다니며 전교 1등을 놓친 적이 없고, 운동도 잘해서 여러 운동부에서 가입을 권유 받기도 하였다. 그런 아무개는 주변 사람들을 무시하면서 살았고, 시간이 지나자 그의 주변에는 아무도 없게 되었다. 후에 아무개는 곤경에 처해 도움을 청해 보려했지만 연락을 해도 아무도 도와주지 않았다. 아무개는 이 상황에 처해서야 지난날의 자신의 삶을 반성하며 돌아보게 되었다. 이후 아무개는 더 이상 주변 사람을 무시하거나 우쭐대지 않고, 자신의 재능을 다른 사람을 위해 사용하기 시작했다.

① 새옹지마(塞翁之馬)
② 개과천선(改過遷善)
③ 전화위복(轉禍爲福)
④ 사필귀정(事必歸正)
⑤ 자과부지(自過不知)

※ 다음은 A, B, C사의 농기계(트랙터, 이앙기, 경운기)에 대한 직원들의 평가를 나타낸 자료이다. 이어지는 물음에 답하시오. **[20~22]**

〈A, B, C사 트랙터 만족도〉

(단위 : 점)

구분	가격	성능	안전성	디자인	연비	사후관리
A사	5	4	5	4	2	4
B사	4	5	3	4	3	4
C사	4	4	4	4	3	5

〈A, B, C사 이앙기 만족도〉

(단위 : 점)

구분	가격	성능	안전성	디자인	연비	사후관리
A사	4	3	5	4	3	4
B사	5	5	4	4	2	4
C사	4	5	4	5	4	5

〈A, B, C사 경운기 만족도〉

(단위 : 점)

구분	가격	성능	안전성	디자인	연비	사후관리
A사	3	3	5	5	4	4
B사	4	4	3	4	4	4
C사	5	4	3	4	3	5

※ 모든 항목의 만족도는 5점(최상)~1점(최하)으로 1점 단위로 평가한다.

20 세 가지 농기계의 평가를 모두 고려했을 때, 직원들이 가장 선호하는 회사와 만족도 점수를 구하면? (단, 만족도 비교는 해당 점수의 총합으로 한다)

☑ 이해도 ○ △ ×

① A사, 71점
② B사, 70점
③ B사, 73점
④ C사, 72점
⑤ C사, 75점

21 가격과 성능만을 고려하여 세 가지 농기계를 한 회사에서 구입하려고 할 때, 해당 회사와 만족도 점수는 어떻게 되는가?(단, 만족도 비교는 해당 점수의 총합으로 한다)

☑ 이해도 ○ △ ×

① A사, 22점
② B사, 27점
③ C사, 26점
④ B사, 28점
⑤ C사, 25점

22 안전성과 연비만을 고려하여 세 가지 농기계를 한 회사에서 구입하려고 할 때, 해당 회사와 만족도의 점수는 어떻게 되는가?(단, 만족도 비교는 해당 점수의 총합으로 한다)

☑ 이해도 ○ △ ×

① A사, 24점
② B사, 15점
③ A사, 21점
④ B사, 27점
⑤ C사, 26점

23 매일의 날씨 자료를 수집 및 분석한 결과, 전날의 날씨를 기준으로 그 다음 날의 날씨가 변할 확률은 다음과 같았다. 만약 내일 날씨가 화창하다면, 사흘 뒤에 비가 올 확률은 얼마인가?

☑ 이해도 ○ △ ×

전날 날씨	다음 날 날씨	확률
화창	화창	25%
화창	비	30%
비	화창	40%
비	비	15%

※ 날씨는 '화창'과 '비'로만 구분하여 분석함

① 12%
② 13%
③ 14%
④ 15%
⑤ 11%

※ 일정한 규칙으로 수를 나열할 때, 빈칸에 들어갈 알맞은 수를 고르시오. [24~25]

24

☑ 이해도 ○ △ ×

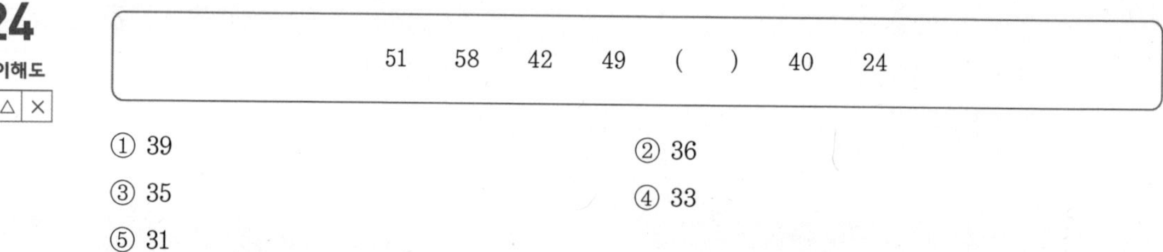

51 58 42 49 ( ) 40 24

① 39
② 36
③ 35
④ 33
⑤ 31

25

☑ 이해도 ○ △ ×

32 22 16 6 66 60 33 27 72 67 31 26 25 16 ( ) 9

① 12
② 14
③ 16
④ 18
⑤ 20

26 다음 제시문을 바탕으로 추론할 수 있는 것을 고르면?

☑ 이해도 ○ △ ×

- 재현이가 춤을 추면 서현이나 지훈이가 춤을 춘다.
- 재현이가 춤을 추지 않으면 종열이가 춤을 춘다.
- 종열이가 춤을 추지 않으면 지훈이도 춤을 추지 않는다.
- 종열이는 춤을 추지 않았다.

① 재현이만 춤을 추었다.
② 서현이만 춤을 추었다.
③ 지훈이만 춤을 추었다.
④ 재현이와 지훈이 모두 춤을 추었다.
⑤ 재현이와 서현이 모두 춤을 추었다.

27

☑ 이해도

○	△	×

일정한 규칙으로 도형을 나열할 때, ?에 들어갈 알맞은 도형을 고르면?

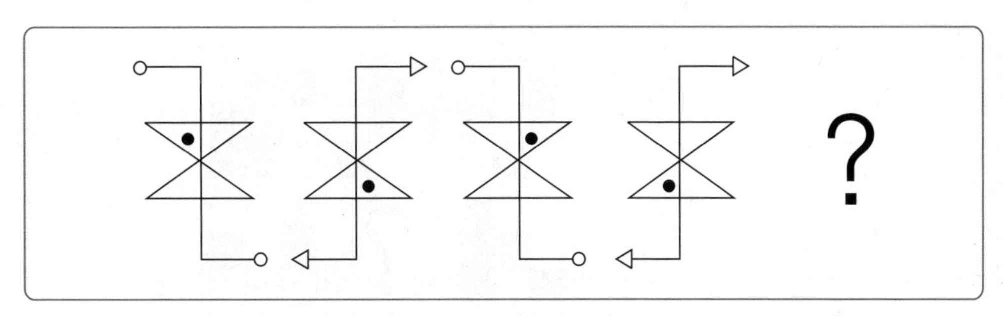

①

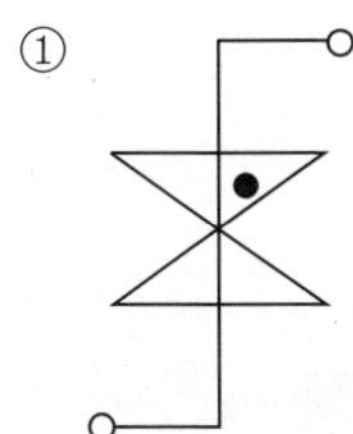

②

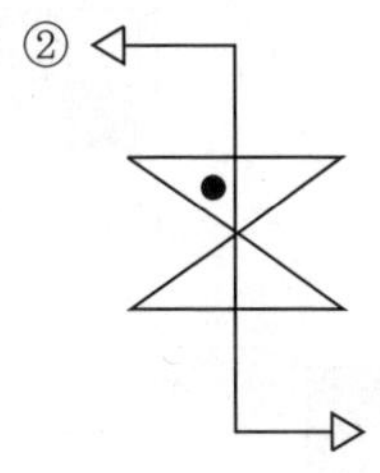

③

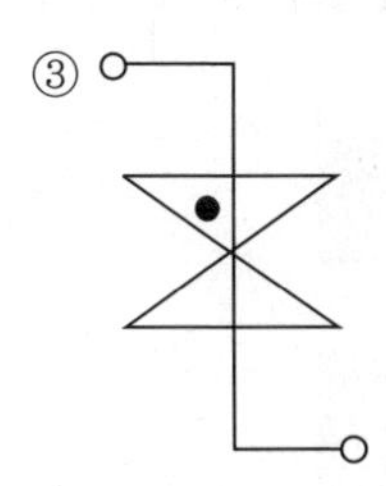

④

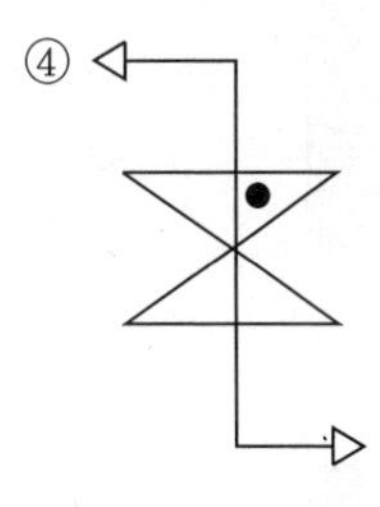

⑤

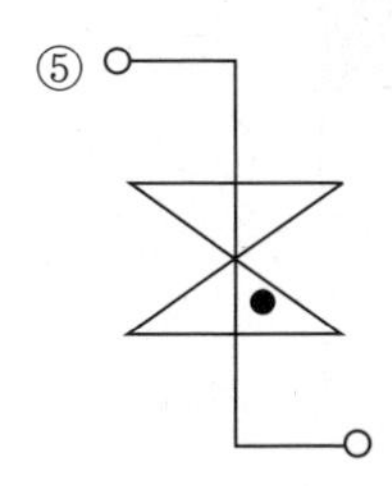

28 다음 제시된 도형의 규칙을 보고 ?에 들어갈 알맞은 것을 고르면?

☑ 이해도
○ △ ×

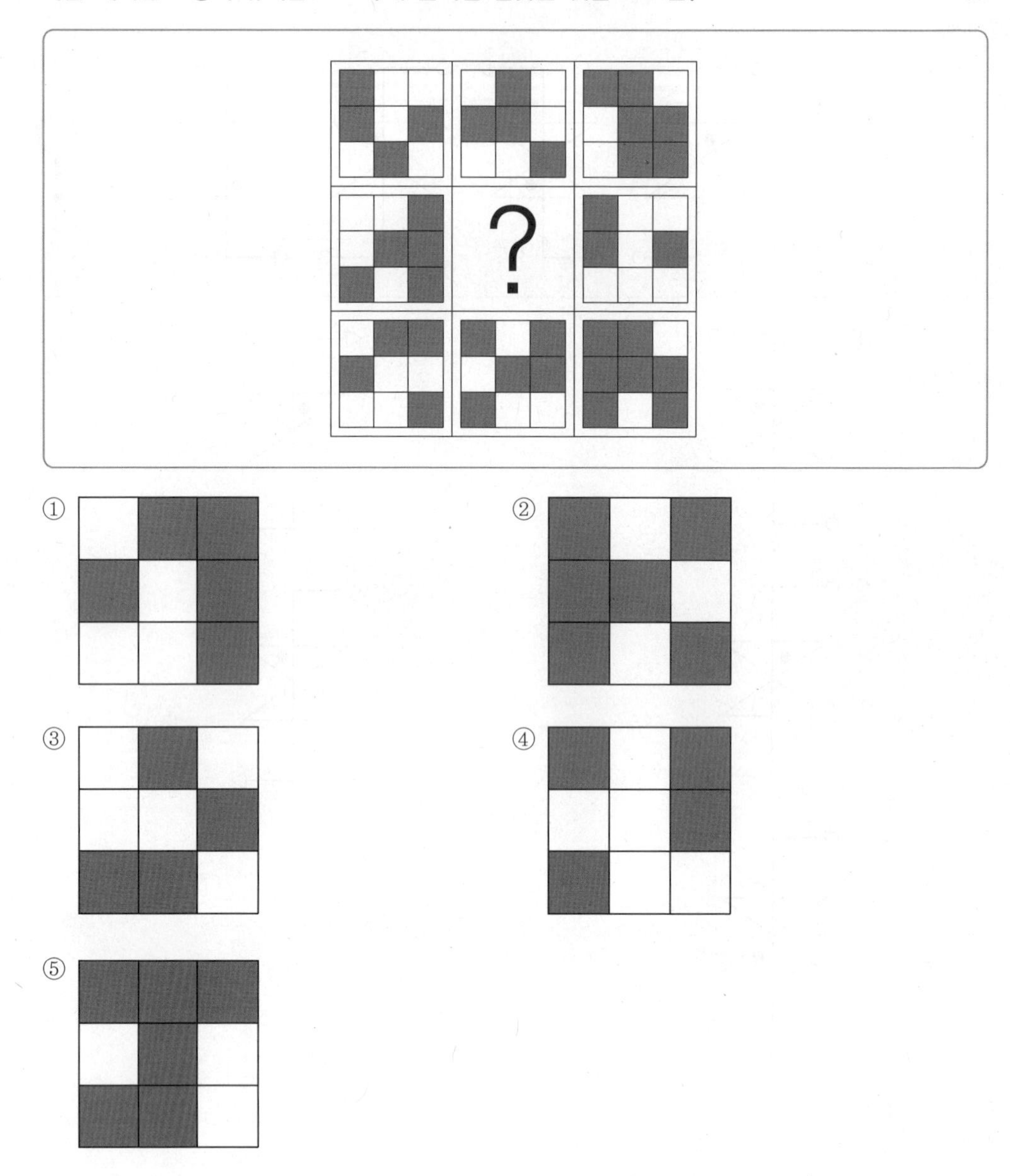

29 다음 블록의 개수는 몇 개인지 고르면?(단, 보이지 않는 곳의 블록은 있다고 가정한다)

☑ 이해도 ○ △ ×

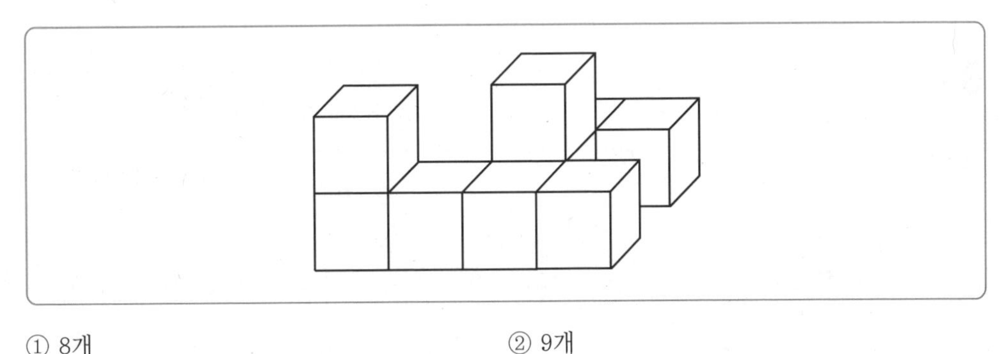

① 8개
② 9개
③ 10개
④ 11개
⑤ 12개

30 다음 표에 제시되지 않은 문자는?

☑ 이해도 ○ △ ×

413	943	483	521	253	653	923	653	569	467	532	952
472	753	958	551	956	538	416	567	955	282	568	954
483	571	462	933	457	353	442	482	668	533	382	682
986	959	853	492	957	558	955	453	913	531	963	421

① 467
② 568
③ 531
④ 482
⑤ 953

※ 일정한 규칙으로 문자를 나열할 때, 빈칸에 들어갈 알맞은 문자를 고르시오. [31~32]

31

☑ 이해도 ○ △ ×

ㅁ ㅅ ㅅ ㅊ ㅈ ㅍ ㅋ ( )

① ㄴ
② ㅂ
③ ㅈ
④ ㅌ
⑤ ㄹ

32

☑ 이해도 ○ △ ×

F G E H D ( ) C

① B
② I
③ J
④ K
⑤ A

33

☑ 이해도 ○ △ ×

다음 제시된 문자와 같은 것의 개수는?

쨍

쨍	캬	퓨	껀	짱	멩	갸	먀	녜	쨍	해	예
퓨	얘	뿌	쨍	멸	뚜	냥	압	랼	벧	쓴	빵
짱	멸	녜	뿌	해	쨍	캬	얘	쨍	뚜	벧	빼
예	쨍	냐	먀	꺙	퓨	쓴	껀	취	빵	쟁	썸

① 1개
② 2개
③ 3개
④ 4개
⑤ 5개

34

☑ 이해도 ○ △ ×

다음 중 좌우를 비교했을 때 같은 것은 몇 개인가?

CVNUTQERL – CBNUKQERL

① 3개
② 4개
③ 5개
④ 6개
⑤ 7개

35

☑ 이해도 ○ △ ×

다음 문제의 왼쪽에 표시된 문자의 개수를 고르면?

ソ	サナマプワワソキゾノホヘヌナピサグソレリリルスソゼテトソソノペハア

① 5개
② 6개
③ 7개
④ 8개
⑤ 9개

36

☑ 이해도 ○ △ ×

다음에서 밑줄 친 말은 모두 어떤 물건의 수효를 묶어서 세는 단위로 쓰인다. 이 가운데 수량이 가장 적은 것은?

① 굴비 두 갓
② 명주 한 필
③ 탕약 세 제
④ 달걀 한 꾸러미
⑤ 오이 한 거리

37

☑ 이해도 ○ △ ×

나이를 나타내는 한자어가 잘못 연결된 것은?

① 상수(上壽) – 100세
② 졸수(卒壽) – 90세
③ 미수(米壽) – 80세
④ 진갑(進甲) – 62세
⑤ 지학(志學) – 15세

※ 다음 글을 읽고 각각의 보기가 옳은지 그른지, 주어진 지문으로는 알 수 없는지 고르시오. [38~40]

세계보건기구(WHO)는 급성증세가 발생한 후 즉각적으로 혹은 6시간 이내에 사망한 경우를 돌연사라고 정의한다. 현재 대다수 학자들은 돌연사의 시간을 발병 후 1시간 내로 제한한다. 특징으로는 사망이 급작스러우며, 예기치 못한 자연사이거나, 외부의 타격이 없다는 점을 들 수 있다. 돌연사의 원인이 비록 분명하지는 않지만, 가장 많이 보이는 것은 심장혈관계 질병과 뇌혈관계의 질병으로 심근경색과 뇌출혈 등이다. 현대 사회의 과중한 스트레스와 빠른 생활리듬 속에서, 일부 현대인들은 스트레스를 해소하는 방법이 비교적 단조로워 폭음 혹은 흡연을 통해 감정적인 평정과 즐거움을 추구하곤 한다. 그러나 담배와 알코올의 남용은 심혈관계 질병과 뇌혈관계 질병을 유발할 수 있다. 게다가 과도한 피로는 간접적으로 돌연사의 가능성을 증가시킨다. 돌연사는 마치 예방이 불가능한 것처럼 보인다. 하지만 규칙적이고 건강한 생활 습관을 기르고 올바른 스트레스 해소법을 찾는 등 건강을 유지하면 돌연사의 발생 비율을 낮출 수 있을 것이다.

38 돌연사는 현대의 사회구조에 의해 나타난 현대적 질병이다.

☑ 이해도 ○ △ ×

① 항상 옳다.
② 전혀 그렇지 않다.
③ 주어진 지문으로는 옳고 그름을 알 수 없다.

39 만취해 귀가하던 도중 넘어지면서 머리를 잘못 부딪쳐, 넘어진 지 한 시간 안에 사망하였다면 돌연사라 볼 수 있다.

☑ 이해도 ○ △ ×

① 항상 옳다.
② 전혀 그렇지 않다.
③ 주어진 지문으로는 옳고 그름을 알 수 없다.

40 돌연사는 완벽한 예방이 가능하다.

☑ 이해도 ○ △ ×

① 항상 옳다.
② 전혀 그렇지 않다.
③ 주어진 지문으로는 옳고 그름을 알 수 없다.

※ 다음은 어린이보호구역 지정 현황을 나타낸 자료이다. 이어지는 물음에 답하시오. [41~43]

〈어린이보호구역 지정 현황〉

(단위 : 개소)

구분	2016년	2017년	2018년	2019년	2020년	2021년
초등학교	5,365	5,526	5,654	5,850	5,917	5,946
유치원	2,369	2,602	2,781	5,476	6,766	6,735
특수학교	76	93	107	126	131	131
보육시설	619	778	1,042	1,755	2,107	2,313
학원	5	7	8	10	11	11

41

2019년과 2021년의 전체 어린이보호구역 수의 차는 얼마인가?

☑ 이해도 ○ △ ×

① 1,748개소
② 1,819개소
③ 1,828개소
④ 1,839개소
⑤ 1,919개소

42

학원을 제외한 어린이보호구역 시설 중 2018년에 전년 대비 증가율이 가장 높은 시설은 무엇인가?

☑ 이해도 ○ △ ×

① 초등학교
② 유치원
③ 특수학교
④ 보육시설
⑤ 학원

43

다음 중 옳지 않은 것은?

☑ 이해도 ○ △ ×

① 2016년 어린이보호구역의 합계는 8,434개이다.
② 2021년 어린이보호구역은 2016년보다 총 6,607개 증가했다.
③ 2020년과 2021년 사이에는 어린이보호구역으로 지정된 특수학교 수는 증가하지 않았다.
④ 초등학교 어린이보호구역은 계속해서 증가하고 있다.
⑤ 학원 어린이보호구역은 2021년에 전년 대비 증가율이 0%이다.

44

☑ 이해도 ○ △ ×

다음 중 제시된 단어와 같거나 비슷한 뜻을 가진 것은?

obscure

① obsolete ② insolent
③ eccentric ④ abnormal
⑤ unknown

45

☑ 이해도 ○ △ ×

다음 대화가 이루어지는 장소로 가장 알맞은 것은?

A : Good evening! How can I help you?
B : I have a sore throat.
A : Take this medicine and it's $5.
B : Here it is. Thanks.

① 약국 ② 은행
③ 도서관 ④ 동물원
⑤ 학교

46

☑ 이해도 ○ △ ×

다음 빈칸에 문법상 들어갈 말로 알맞은 것은?

This year's profits __________ the accountant by next monday.

① was known to ② will has been known to
③ will be known to ④ will know
⑤ is known to

47

☑ 이해도

○	△	×

다음 글에서 필자가 주장하는 바로 가장 적절한 것은?

In the United States, some people maintain that TV media will create a distorted picture of a trial, while leading some judges to pass harsher sentences than they otherwise might. However, there are some benefits connected to the televising of trials. It will serve to educate the public about the court process. It will also provide full and accurate coverage of exactly what happens in any given case. Therefore, it is necessary to televise trials to increase the chance of a fair trial. And, if trials are televised, a huge audience will be made aware of the case, and crucial witnesses who would otherwise have been ignorant of the case may play their potential role in it.

① 범죄 예방을 위해 재판 과정을 공개해야 한다.
② 준법 정신 함양을 위해 재판 과정을 공개해야 한다.
③ 재판 중계권을 방송국별로 공정하게 배분해야 한다.
④ 재판의 공정성을 높이기 위해 재판 과정을 중계해야 한다.
⑤ 증인의 신변 보호를 위하여 법정 공개는 금지되어야 한다.

48

☑ 이해도

○	△	×

다음 글의 주제를 고르면?

If you feel alone and don't make friends, you must change your mind. You must not wait for others to come. You must move to them. Don't be afraid of being rejected. Go and start a light conversation about the weather or hobbies. They are nicer than you think.

① 취미의 중요성
② 휴가의 즐거움
③ 거절하는 방법
④ 친구 사귀는 법
⑤ 외로움 극복하기

49

☑ 이해도

○ △ ×

같은 해에 입사한 동기 A ~ E는 모두 S공사 소속으로 서로 다른 부서에서 일하고 있으며, 이들이 근무하는 부서와 해당 부서의 성과급은 다음과 같다. 부서배치 조건과 휴가 조건을 참고했을 때, 다음 중 항상 옳은 것은?

〈부서별 성과급〉

비서실	영업부	인사부	총무부	홍보부
60만원	20만원	40만원	60만원	60만원

※ 각 사원은 모두 각 부서의 성과급을 동일하게 받는다.

〈부서배치 조건〉

- A는 성과급이 평균보다 적은 부서에서 일한다.
- B와 D의 성과급을 더하면 나머지 세 명의 성과급 합과 같다.
- C의 성과급은 총무부보다는 적지만 A보다는 많다.
- C와 D 중 한 사람은 비서실에서 일한다.
- E는 홍보부에서 일한다.

〈휴가 조건〉

- 영업부 직원은 비서실 직원보다 휴가를 더 늦게 가야 한다.
- 인사부 직원은 첫 번째 또는 제일 마지막으로 휴가를 가야 한다.
- B의 휴가 순서는 이들 중 세 번째이다.
- E는 휴가를 반납하고 성과급을 두 배로 받는다.

① A의 3개월 치 성과급은 C의 2개월 치 성과급보다 많다.
② C가 맨 먼저 휴가를 갈 경우, B가 맨 마지막으로 휴가를 가게 된다.
③ D가 C보다 성과급이 많다.
④ 휴가철이 끝난 직후, 급여명세서에 D와 E의 성과급 차이는 세 배이다.
⑤ B는 영업부에서 일한다.

50

☑ 이해도

○	△	×

A공단에서 다음 면접방식으로 면접을 진행할 때, 심층면접을 할 수 있는 최대 인원 수와 마지막 심층면접자의 기본면접 종료시각을 옳게 짝지은 것은?

〈면접방식〉

- 면접은 기본면접과 심층면접으로 구분된다. 기본면접실과 심층면접실은 각 1개이고, 면접대상자는 1명씩 입실한다.
- 기본면접과 심층면접은 모두 개별면접의 방식을 취한다. 기본면접은 심층면접의 진행상황에 관계없이 10분 단위로 계속되고, 심층면접은 기본면접의 진행상황에 관계없이 15분 단위로 계속된다.
- 기본면접을 마친 면접대상자는 순서대로 심층면접에 들어간다.
- 첫 번째 기본면접은 오전 9시 정각에 실시되고, 첫 번째 심층면접은 첫 번째 기본면접이 종료된 시각에 시작된다.
- 기본면접과 심층면접 모두 낮 12시부터 오후 1시까지 점심 및 휴식시간을 가진다.
- 각각의 면접 도중에 점심 및 휴식시간을 가질 수 없고, 1인을 위한 기본면접시간이나 심층면접시간이 확보되지 않으면 새로운 면접을 시작하지 않는다.
- 기본면접과 심층면접 모두 오후 1시에 오후 면접 일정을 시작하고, 기본면접의 일정과 관련 없이 심층면접은 오후 5시 정각에는 종료되어야 한다.

※ 면접대상자의 이동 및 교체시간 등 다른 조건은 고려하지 않는다.

	인원 수	종료시각
①	27명	오후 2시 30분
②	27명	오후 2시 40분
③	28명	오후 2시 30분
④	28명	오후 2시 40분
⑤	29명	오후 2시 30분

성공한 사람은 대개 지난번 성취한 것보다 다소 높게,
그러나 과하지 않게 다음 목표를 세운다.
이렇게 꾸준히 자신의 포부를 키워 간다.

– 커트 르윈 –

해설편

작은 기회로부터 종종 위대한 업적이 시작된다.

– 데모스테네스 –

제1회 | 정답 및 해설

제1회 최종모의고사(기본형)

01	02	03	04	05	06	07	08	09	10	11	12	13	14	15	16	17	18	19	20
④	④	①	②	④	④	④	③	④	④	④	⑤	④	③	⑤	④	②	①	②	②
21	22	23	24	25	26	27	28	29	30	31	32	33	34	35	36	37	38	39	40
①	②	④	②	④	⑤	①	③	④	②	④	②	①	③	①	②	④	⑤	①	④
41	42	43	44	45	46	47	48	49	50										
②	④	②	③	②	②	①	②	①	④										

01

정답 ④

㉠의 뒤에 나오는 문장을 살펴보면, 양안시에 대해 설명하면서 양안시차를 통해 물체와의 거리를 파악한다고 하였으므로 먼저 ㉠에 거리와 관련된 내용이 나왔음을 짐작해 볼 수 있다. 따라서 ㉠에 들어가기에 적절한 문장은 ④이다.

02

정답 ④

제시문은 사람들이 커뮤니케이션에서 메시지를 전할 때 어떠한 의도로 메시지를 전하는지를 유형별로 구분지어 설명하는 글이다.

- 첫 번째 빈칸 : 표현적 메시지 구성논리는 표현자의 생각의 표현을 가장 중시하는 유형이다. 따라서 커뮤니케이션은 송신자의 생각이나 감정을 전달하는 수단이라는 ㉡이 적절하다.
- 두 번째 빈칸 : 인습적 메시지 구성논리는 대화의 맥락, 역할, 관계 등을 고려한 커뮤니케이션의 적절함에 관심을 갖는 유형이다. 따라서 주어진 상황에서 올바른 것을 말하려는 ㉢이 적절하다.
- 세 번째 빈칸 : 수사적 메시지 구성논리는 커뮤니케이션의 내용에 주목하여 서로 간에 이익이 되는 상황에 초점을 두는 유형이다. 따라서 복수의 목표를 타협하는 도구로 간주한다는 ㉠이 적절하다.

03

정답 ①

첫 번째 문단에 '우리 조상은 화재를 귀신이 장난치거나, 땅에 불의 기운이 넘쳐서라 여겼다'라고 하면서 안녕을 기원하기 위해 조상들이 시도했던 여러 가지 노력을 제시하고 있다.

04

정답 ②

화재 예방을 위한 주술적 의미로 쓰인 것은 지붕 용마루 끝에 장식 기와로 사용하는 '치미'이다. 물의 기운을 지닌 수호신인 해치는 화기를 잠재운다는 의미로 동상으로 세워졌다.

오답분석

① 첫 번째 문단에서 '농경사회였던 조선시대의 백성들의 삶을 힘들게 했던 재난·재해, 특히 목조 건물과 초가가 대부분이던 당시에 화재는 즉각적인 재앙이었고 공포였다'고 하였다.
③ 세 번째 문단에서 '잡상은 건물의 지붕 내림마루에 「서유기」에 등장하는 기린, 용, 원숭이 등 다양한 종류의 동물을 신화적 형상으로 장식한 기와'라고 하였다.
④ 네 번째 문단에서 '실제 1997년 경회루 공사 중 오조룡이 발견되면서 화제가 됐었다'고 하였다.
⑤ 마지막 문단에서 '세종대왕은 '금화도감'이라는 소방기구를 설치해 인접 가옥 간에 '방화장'을 쌓고, 방화범을 엄히 다루는 등 화재 예방에 만전을 기했다'고 하였다.

05 정답 ④

제시된 글은 딸기에 들어 있는 비타민 C와 항산화 물질, 식물성 섬유질, 철분 등을 언급하며 딸기의 다양한 효능을 설명하고 있다.

06 정답 ④

글의 내용 상 딸기는 건강에 좋지만 당도가 높다고 했으므로 혈당 조절이 필요한 사람은 마케팅 대상으로 적절하지 않다.

07 정답 ④

'아무리'라는 부사는 주로 연결어미 '-아도/어도'와 호응하여 쓰인다. '첨가하다'를 맥락에 맞게 고친 것은 '첨가했다 하더라도'이다.

08 정답 ③

제시된 글은 국내 최초로 재활승마 전용마장이 무상 운영되면서 재활승마를 통해 동물을 매개로 한 치료 프로그램이 실시되고, 여러 시설이 마련되어 장애아동과 가족들의 이용이 편리해졌지만, 선진국에 비해 활발하게 운영되고 있지 않아 많은 보급이 필요하다는 내용이다. 따라서 (C) 재활승마 전용마장이 무상으로 운영 → (A) 재활승마는 동물을 매개로 한 치료 프로그램으로 치료 성과를 도모 → (D) 재활승마 전용마장 내 여러 시설은 장애아동과 가족들이 이용하기 편리 → (B) 하지만 다른 선진국에서는 재활승마의 운영이 활발하므로 국내에서도 많은 보급이 필요하다는 순으로 연결되어야 한다.

09 정답 ④

부채위기를 해결하려는 유럽 국가들이 당장 눈앞에 닥친 위기만을 극복하기 위해 임시방편으로 대책을 세운다는 내용을 비판하는 글이다. 글과 가장 관련이 있는 한자성어는 '아랫돌 빼서 윗돌 괴고, 윗돌 빼서 아랫돌 괴기'라는 뜻으로, '임기응변으로 어려운 일을 처리함'을 의미하는 '하석상대(下石上臺)'이다.

오답분석

① 피발영관(被髮纓冠) : '머리를 흐트러뜨린 채 관을 쓴다'는 뜻으로 머리를 손질할 틈이 없을 만큼 바쁨
② 탄주지어(呑舟之魚) : '배를 삼킬만한 큰 고기'라는 뜻으로 큰 인물을 뜻하는 말
③ 양상군자(梁上君子) : 들보 위의 군자, 도둑을 지칭하는 말
⑤ 배반낭자(杯盤狼藉) : 술을 마시고 한참 신명나게 노는 모습을 가리키는 뜻

10 정답 ④

- 보전(補塡) : 부족한 부분을 보태어 채움
- 선별(選別) : 가려서 따로 나눔
- 합병(合倂) : 둘 이상의 기구나 단체, 나라 따위가 하나로 합쳐짐 또는 그렇게 만듦

오답분석

- 보존(保存) : 잘 보호하고 간수하여 남김
- 선발(選拔) : 많은 가운데서 골라 뽑음
- 통합(統合) : 둘 이상의 조직이나 기구 따위가 하나로 합쳐짐

11 정답 ④

④ 녹록하게 : 평범하고 보잘것없게

오답분석

① 밋밋하게 : 생김새가 미끈하게 곧고 긴
② 마뜩하게 : (주로 '않다, 못하다'와 함께 쓰여) 제법 마음에 들 만한
③ 솔깃하게 : 그럴듯해 보여 마음이 쏠리는 데가 있는
⑤ 미쁘게 : 믿음직스럽게

12 정답 ⑤

E : $(85+60+70+75+65)\div5=71$

오답분석

A : $(60+70+75+65+80)\div5=70$
B : $(50+90+80+60+70)\div5=70$
C : $(70+70+70+70+70)\div5=70$
D : $(70+50+90+100+40)\div5=70$

13 정답 ④

- $\frac{5}{6}\times\frac{3}{4}-\frac{7}{16}=\frac{5}{8}-\frac{7}{16}=\frac{3}{16}$
- $(\frac{1}{4}-\frac{2}{9})\times\frac{9}{4}+\frac{1}{8}=\frac{1}{36}\times\frac{9}{4}+\frac{1}{8}=\frac{1}{16}+\frac{1}{8}=\frac{3}{16}$

14 정답 ③

20만대를 넘는 도시는 A시와 C시이다. C시는 A시와 비교하면 1,000명당 자동차 대수는 두 배이지만 인구가 절반이 안 되므로 자동차 대수는 A시가 더 많다. B시는 약 10만대, D시는 약 14만대의 자동차를 보유하고 있다.

15 정답 ⑤

A시의 3인당 자동차 대수는 $205\div1,000\times3=0.615$대이다. 같은 방식으로 계산하면 B시는 0.39대, C시는 1.23대, D시는 1.05대이다.

16 정답 ④

보유도로당 자동차 대수의 비를 계산하면 다음과 같다(계산 간소화를 위해 인구와 자동차 수는 축소한다).

A시 : $108\times205\div198=111.8\cdots$
B시 : $75\times130\div148=65.8\cdots$
C시 : $53\times410\div315=68.9\cdots$
D시 : $40\times350\div103=135.9\cdots$

17 정답 ②

5%의 소금물의 양을 A라 하면 소금의 양을 기준으로 한 $\frac{11}{100}\times100+\frac{5}{100}\times A=\frac{10}{100}\times(100+A)$라는 등식을 세울 수 있고 이를 풀면 A=20g이다.

18 정답 ①

- $70.668 \div 151 + 6.51 = 6.978$
- $3.79 \times 10 - 30.992 = 6.978$

19 정답 ②

- 하청업체 부품 구매 시 만개의 생산비용 : $280 \times 10{,}000 = 2{,}800{,}000$원
- 자가 생산 시 만개의 생산비용 : $270 \times 10{,}000 + 200{,}000 = 2{,}900{,}000$원

20 정답 ②

오후 3시 35분에서 2시간 10분이 흐르면 오후 5시 45분이다. 시침은 1분에 0.5°, 1시간에 30°, 분침은 1분에 6° 움직이므로, 오후 5시 45분일 때의 시침의 각도는 12시 정각에서 시계 방향으로 $30 \times 5 + 0.5 \times 45 = 172.5°$이고, 오후 5시 45분일 때의 분침의 각도는 12시 정각에서 시계 방향으로 $6 \times 45 = 270°$이다. 따라서 시침과 분침이 이루는 내각은 $270 - 172.5 = 97.5°$이다.

21 정답 ①

3월은 31일까지 있다. 3월 2일이 금요일이므로 28일 후인 30일도 금요일이 된다. 3일 후인 4월 2일은 월요일이 된다.

22 정답 ②

기본요금이 x원이고 추가요금이 y원이므로 통화요금에 대한 식을 세우면 다음과 같다.

$$\begin{cases} x + 19y = 20{,}950 \\ x + 30y = 21{,}390 \end{cases}$$

$\therefore\ x = 20{,}190,\ y = 40$

따라서 엄마의 통화요금은 $20{,}190 + 40 \times 40 + (2 \times 40) \times 1 = 21{,}870$원이다.

23 정답 ④

갑과 을이 동시에 출발하여 같은 속력으로 이동할 때 만날 수 있는 곳은 다음의 네 지점이다.

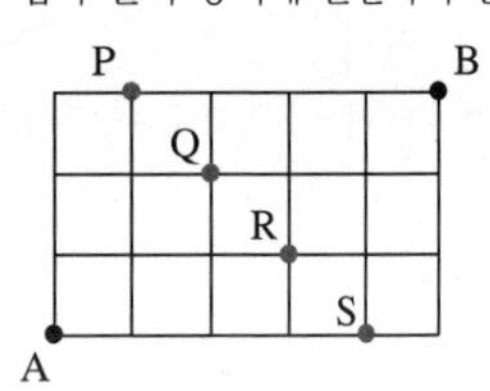

- P지점에서 만날 때 : $\left(\frac{4!}{3!} \times 1\right) \times \left(1 \times \frac{4!}{3!}\right) = 16$가지
- Q지점에서 만날 때 : $\left(\frac{4!}{2! \times 2!} \times \frac{4!}{3!}\right) \times \left(\frac{4!}{3!} \times \frac{4!}{2! \times 2!}\right) = 576$가지
- R지점에서 만날 때 : $\left(\frac{4!}{3!} \times \frac{4!}{2! \times 2!}\right) \times \left(\frac{4!}{2! \times 2!} \times \frac{4!}{3!}\right) = 576$가지
- S지점에서 만날 때 : $\left(1 \times \frac{4!}{3!}\right) \times \left(\frac{4!}{3!} \times 1\right) = 16$가지

따라서 갑과 을이 만나는 경우의 수는 $16 + 576 + 576 + 16 = 1{,}184$가지이다.

24 정답 ②

26~30세 응답자는 총 51명이다. 그중 4회 이상 방문한 응답자는 5+2=7명이고, 비율은 $\frac{7}{51}\times100 ≒ 13.72$%이므로 10% 이상이다.

오답분석

① 전체 응답자 수는 113명이다. 그중 20~25세 응답자는 53명이므로, 비율은 $\frac{53}{113}\times100 ≒ 46.90$%가 된다.

③ 주어진 자료만으로는 31~35세 응답자의 1인당 평균 방문횟수를 정확히 구할 수 없다. 그 이유는 방문횟수를 '1회', '2~3회', '4~5회', '6회 이상' 등 구간으로 구분했기 때문이다. 다만 구간별 최솟값으로 평균을 냈을 때, 평균 방문횟수가 2회 이상이라는 점을 통해 2회 미만이라는 것은 틀렸다는 것을 알 수 있다.

{1, 1, 1, 2, 2, 2, 2, 4, 4} → (평균)= $\frac{19}{9}$ ≒ 2.11회

④ 응답자의 직업에서 학생과 공무원 응답자의 수는 51명이다. 즉, 전체 113명의 절반에 미치지 못하므로 비율은 50% 미만이다.

⑤ 주어진 자료만으로 판단할 때, 전문직 응답자 7명 모두 20~25세일 수 있으므로 비율이 5% 이상이 될 수 있다.

25 정답 ④

HS1245는 2017년 9월에 생산된 엔진의 시리얼 번호를 의미한다.

오답분석

① 제조년 번호에 O는 해당되지 않는다.
② 제조월 번호에 I는 해당되지 않는다.
③ 제조년 번호에 S는 해당되지 않는다.
⑤ 제조월 번호에 O는 해당되지 않는다.

26 정답 ⑤

DU6548 → 2013년 10월에 생산된 엔진이다.

오답분석

① FN4568 → 2015년 7월에 생산된 엔진이다.
② HH2314 → 2017년 4월에 생산된 엔진이다.
③ WS2356 → 1998년 9월에 생산된 엔진이다.
④ YL3568 → 2000년 6월에 생산된 엔진이다.

27 정답 ①

- A사원 : 7개(3월 2개, 5월 3개, 7월 1개, 9월 1개)
- B사원 : 10개(1월 3개, 3월 3개, 5월 3개, 9월 1개)
- C사원 : 8개(1월 1개, 3월 1개, 5월 3개, 7월 3개)
- D사원 : 9개(1월 2개, 3월 3개, 7월 3개, 9월 1개)
- E사원 : 8개(1월 1개, 3월 2개, 5월 3개, 7월 2개)

A사원이 총 7개로 연차를 가장 적게 썼다.

28 정답 ③

A회사에서는 연차를 한 달에 3개로 제한하고 있으므로, 11월에 휴가를 쓸 수 없다면 앞으로 총 6개(10월 3개, 12월 3개)의 연차를 쓸 수 있다. 휴가에 관해서 손해를 보지 않으려면 이미 9개 이상의 연차를 썼어야 한다. 이에 해당하는 사원은 B와 D이다.

29 정답 ④

2016년도 사회취약계층 주택개보수 사업비는 6억 9,000만원이다.

30 정답 ②

사회취약계층 주택개보수 사업에 신청할 수 있는 사람은 기초생활수급자 혹은 탈수급자 중 희망키움통장 가입자여야 하고, 그중에서도 노후 자가주택 소유자여야 한다.

31 정답 ④

제시된 조건을 논리 기호화하면 다음과 같다.

- 첫 번째 조건의 대우 : A → C
- 두 번째 조건 : ~E → B
- 세 번째 조건의 대우 : B → D
- 네 번째 조건의 대우 : C → ~E

위의 조건식을 정리하면 A → C → ~E → B → D이므로 여행에 참가하는 사람은 A, B, C, D 4명이다.

32 정답 ②

오른쪽 방향으로 ÷2와 +2가 번갈아 반복된다. 따라서 3+2=5이다.

33 정답 ①

알파벳 A부터 Z까지 순차적으로 1부터 숫자를 매겼을 때 아래 줄의 문자를 숫자로 변환한 것이 윗 줄의 숫자 조합이다. TRY는 숫자로 변환하면 20, 18, 25이다.

34 정답 ③

말(꼬리), (꼬리)표, (꼬리)를 빼다

35 정답 ①

A~E의 주장에서 C와 D의 주장을 제외하고 정리하면 다음과 같다.

- A : B 또는 D가 범인
- B : C가 범인
- E : A와 B는 범인이 아님

E가 범인일 경우, A, B까지 범인이 되어 범인이 3명이 된다. 따라서 A, B, E는 무조건 범인이 아니다. 범인은 C, D이고 옳은 것은 ①뿐이다.

36 정답 ②

홀수 항은 $\times\frac{3}{2}$, 짝수 항은 $\times\frac{4}{3}$를 적용하는 수열이다.

따라서 빈칸에 들어갈 수는 $432\times\frac{3}{4}=324$이다.

37 정답 ④

'음악을 좋아하다'를 p, '상상력이 풍부하다'를 q, '노란색을 좋아하다'를 r이라고 하고 이를 논리 기호화하면, 첫 번째 명제는 $p \rightarrow q$, 두 번째 명제는 $\sim p \rightarrow \sim r$이다. 이때, 두 번째 명제의 대우 $r \rightarrow p$에 따라 $r \rightarrow p \rightarrow q$가 성립한다. 따라서 $r \rightarrow q$이므로 빈칸에 들어갈 명제는 '노란색을 좋아하는 사람은 상상력이 풍부하다'가 된다.

38 정답 ⑤

B와 D는 동시에 참 혹은 거짓을 말한다. A와 C의 장소에 대한 진술이 모순되기 때문에 B와 D는 참을 말하고 있음이 틀림없다. 따라서 B, D와 진술 내용이 다른 E는 무조건 거짓을 말하고 있는 것이고, 거짓을 말하고 있는 사람은 두 명이므로 A와 C 중 한 명은 거짓을 말하고 있다. A가 거짓을 말하는 경우 A~C 모두 부산에 있었고, D는 참을 말하였으므로 범인은 E가 된다. C가 거짓을 말하는 경우 A~C는 모두 학교에 있었고, D는 참을 말하였으므로 범인은 역시 E가 된다.

39 정답 ①

○ : 1234 → 2341

□ : 각 자릿수 +2, +2, +2, +2

☆ : 1234 → 4321

△ : 각 자릿수 −1, +1, −1, +1

JLMP → LMPJ → NORL
(○) (□)

40 정답 ④

DRFT → FTHV → VHTF
(□) (☆)

41 정답 ②

경찰서 : 1(ㄱ)H(ㅕ)e(ㅇ)5(ㅊ)C(ㅏ)2(ㄹ)w(ㅅ)6(ㅓ)

42 정답 ④

			주도				포도				
							고도			학도	
								고도			
	주도				학도			포도			

43 정답 ②

② '도리(道理)나정도(汀道)'를 제외한 나머지 ①, ③, ④, ⑤는 같다.

44 정답 ③

오답분석

① 36551-96-35758
② 35758-69-36551
④ 36551-69-36551
⑤ 36551-66-35758

45 정답 ②

- 1층 : 4×4−3=13개
- 2층 : 16−5=11개
- 3층 : 16−11=5개

∴ 13+11+5=29개

46 정답 ②

규칙은 가로로 적용된다. 첫 번째 도형을 시계 반대 방향으로 90° 회전한 것이 두 번째 도형, 이를 색 반전한 것이 세 번째 도형이다. 따라서 정답은 ②이다.

47 정답 ①

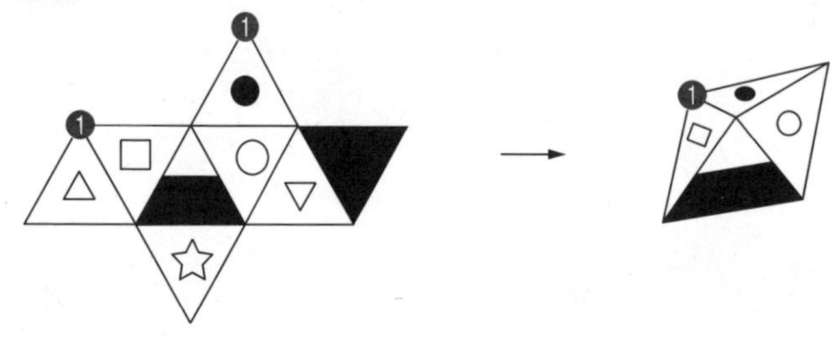

48 정답 ②

제시된 단어의 의미는 '접근'으로, 이와 같은 뜻을 가진 단어는 ② '다가가다'이다.

오답분석

① 지출 ③ 지원 ④ 예산 ⑤ 도로

49

정답 ①

주어가 3인칭 단수형이므로 동사도 3인칭 단수형인 ① 'controls'가 나와야 한다.

해석

「인간의 왼쪽 뇌는 언어력을 통제한다.」

오답분석

④ is controlled는 수동태이므로 뒤에 목적어가 올 수 없다.

50

정답 ④

마지막 문장에서 배우의 risky acts(위험한 연기)를 막는다는 내용을 통해 ④ '스턴트맨'이 정답임을 알 수 있다.

해석

「이 사람은 영화나 텔레비전에서 위험한 연기를 수행하는 사람이다. 그는 배우의 나이로 인해 많은 양의 신체활동을 못하게 되거나 배우가 위험한 연기를 하는 것으로부터 계약상으로 금지되었을 때 활동한다.」

오답분석

① 지휘자 ② 진행자 ③ 곡예사 ⑤ 소방관

제2회 | 정답 및 해설

제2회 최종모의고사(기본형)																			
01	02	03	04	05	06	07	08	09	10	11	12	13	14	15	16	17	18	19	20
①	③	①	③	②	①	④	④	⑤	①	②	①	③	②	⑤	④	②	④	②	②
21	22	23	24	25	26	27	28	29	30	31	32	33	34	35	36	37	38	39	40
②	④	③	④	②	④	①	③	①	④	④	④	①	③	③	②	④	⑤	③	③
41	42	43	44	45	46	47	48	49	50										
②	⑤	⑤	③	④	①	⑤	②	③	②										

01 정답 ①

서론은 환경오염이 점차 심각해지고 있음을 지적하며, 본론에서는 환경오염에 대해 일부 사람들이 그 심각성을 인식하지 못하고 있음을 화제로 삼고 있다. 따라서 결론과 주제에는 환경오염의 심각성을 전 국민이 인식하고 이를 방지하기 위한 노력이 필요하다는 내용이 와야 한다.

02 정답 ③

이 글은 자본주의의 발달 요인으로 (가) + (나)에서는 경제적 측면을, (다)에서는 사회제도적 측면을, (라) + (마)에서는 종교적 측면을 이야기하고 있다.

03 정답 ①

건강하던 수험생의 건강이 나빠진 상황에서 다시 예전의 상태로 되돌아가려는 것이므로 '찾다'보다 '되찾다'가 더 적절하다.

04 정답 ③

(가), (나), (라), (마)의 내용을 볼 때 기획바우처란 '문화소외계층을 상대로 예술 체험 프로그램을 진행하는 것'을 가리킨다. (다)는 가족과 함께 하는 문화행사로 기획바우처의 취지와는 거리가 멀기 때문에 글의 흐름상 필요 없는 문장에 해당한다.

05 정답 ②

〈보기〉의 문장은 우리나라 작물의 낮은 자급률을 보여주는 구체적인 수치이다. 따라서 우리나라 작물의 낮은 자급률을 이야기하는 '하지만 실상은 벼, 보리, 배추 등을 제외한 많은 작물의 종자를 수입하고 있어 그 자급률이 매우 낮다고 한다' 문장 뒤에 위치하는 것이 적절하다.

06 정답 ①

(A) 우리가 먹고 마시는 것은 건강과 직결되어 있기 때문에 친환경 농업은 각광받고 있다. → (B) 병충해를 막기 위해 사용된 농약은 완전히 제거하기 어려우며 신체에 각종 손상을 입힌다. → (C) 생산량 증가를 위해 사용한 농약과 제초제가 오히려 인체에 해를 입힐 수 있다.

07 정답 ④

빈칸 뒤에 '철학은 이처럼 단편적인 사실들이 서로 어떤 관계에 있는가를 주목하는 겁니다'라는 말을 통해 '단편적인 사실'이 '나무'를 의미한다는 것과, '나무 사이의 관계'를 주목하는 것이 '철학'이라는 것을 알 수 있다.

08 정답 ④

'자극'과 '반응'은 조건과 결과의 관계이다.

오답분석

① 개별과 집합의 관계
② 대등 관계이자 상호보완 관계
③ 존재와 생존의 조건 관계
⑤ 미확정과 확정의 관계

09 정답 ⑤

'과실'은 '부주의나 태만 등에서 비롯되어 발생된 잘못이나 허물'을 뜻하고, '고의'는 '일부러 하는 태도나 생각'을 뜻해 반의 관계이다. 나머지는 유의 관계이다.

10 정답 ①

오답분석

② 소문은 시일이 지나면 흐지부지됨
③ 실속은 없으면서 있는 체함
④ 형편이 이미 기울어 아무리 도와주어도 보람이 없음
⑤ 미리 준비를 해 놓지 않아서 임박해서야 허둥지둥하게 되는 경우

11 정답 ②

화자가 우려하고 있는 것은 외환 위기라는 표면적인 이유 때문에 무조건 외제 상품을 배척하는 행위이다. 즉, 문제의 본질을 잘못 이해하여 임기응변식의 대응을 하는 것에 문제를 제기하고 있는 것이다. 이럴 때 쓸 수 있는 관용적 표현은 '언 발에 오줌 누기'이다.

오답분석

① 다른 사람의 본이 되지 않는 사소한 언행도 자신의 지식과 인격을 수양하는 데에 도움이 됨
③ 성미가 몹시 급함
④ 일이 이미 잘못된 뒤에는 손을 써도 소용이 없음
⑤ 위급한 상황에 처해도 정신만 바로 차리면 위기를 벗어날 수 있음

12 정답 ①

부사 '다시'는 여러 가지 의미로 사용되는데, 제시문의 '다시'는 '이전 상태로'라는 뜻으로 쓰였다. 이외에는 '향후, 재차'의 의미로 사용되었다.

13 정답 ③

- $3\times8\div2=12$
- $3\times9-18+3=12$

14 정답 ②

- $2-4+6\div3=0$
- $2\div4\times6-3=0$
- $2-4\div6\times3=0$

15 정답 ⑤

- 숫자의 개수 : 18
- 최솟값 : 100
- 최댓값 : 170
- 중앙값 : 134(132와 136의 평균)
- 평균값 : 134

16 정답 ④

월 단위로 이자를 계산하면 첫 월에 납입한 200,000원에 대한 이자는 만기 때까지 총 24회 월 이자를 받고 마지막 달에 입금한 200,000원의 이자는 1회 월 이자를 받는다. 만기 때까지 200,000원에 대한 월 단위 이자를 받는 총 횟수는 $(1+24)\times12=300$회이다. 연 이자율을 12로 나눈 분량이 월 이자율이므로 $0.02\div12\times300\times200,000=100,000$원이 적금기간 동안 쌓이는 총 이자액이 된다. 원금은 매월 200,000원씩 2년간(24회) 예금하므로 여기에 이자를 더하면 4,900,000원이다.

17 정답 ②

규칙 : 앞의 항$\times2-2=$뒤의 항

18 정답 ④

서울과 부산 간의 거리는 혜영이와 준호가 이동한 거리의 합과 같으므로 $(85+86.2)\times2.5=428$km가 된다.

19 정답 ②

- 첫 번째에 2의 배수(2, 4, 6, 8, 10)가 적힌 공을 뽑을 확률 : $\frac{5}{10}$
- 두 번째에 3의 배수(3, 6, 9)가 적힌 공을 뽑을 확률 : $\frac{3}{10}$
- 두 확률이 겹칠 확률 : $\frac{5}{10}\times\frac{3}{10}=\frac{3}{20}$

20 정답 ②

소연이가 시계를 맞춰 놓은 시각과 다음 날 독서실을 나선 시각의 차는 24시간이다. 4시간마다 6분씩 늦어진다고 하였으므로 24시간마다는 36분씩 늦어진다. 따라서 소연이가 독서실을 나설 때 시계가 가리키고 있는 시각은 8시보다 36분 빠른 7시 24분이다.

21 정답 ②

8% 농도의 식염수 300g에는 소금이 24g, 물이 276g 있다. 12%의 식염수를 만들기 위해 증발시켜야 할 물의 값을 x로 두면 물을 증발시킨 뒤의 식염수의 양은 $24+276-x$라고 할 수 있으며 이것의 농도가 12%라면 $\frac{24}{24+276-x}=0.12$라는 등식이 성립된다. 이를 계산하면 x는 100g이다.

22 정답 ④

A톱니바퀴가 8번 도는 동안 B톱니바퀴가 15번 돌았다는 것은 B톱니바퀴의 톱니 수가 A톱니바퀴의 톱니 수의 $\frac{8}{15}$개라는 것을 의미한다. 마찬가지로 C톱니바퀴의 톱니 수는 A톱니바퀴의 톱니 수의 $\frac{8}{18}$개이다. A톱니바퀴의 톱니 수는 90개이므로 B, C 톱니바퀴의 톱니의 합을 등식으로 나타내면 $90\times\frac{8}{15}+90\times\frac{8}{18}=88$개다.

23 정답 ③

배송비를 포함한 A쇼핑몰의 MP3플레이어 구매 가격은 132,000원, B쇼핑몰은 131,000원, C쇼핑몰은 132,500원이다. 가장 비싼 C쇼핑몰과 B쇼핑몰의 가격 차이는 1,500원이다.

24 정답 ④

2015년 대한민국의 청년층 실업률은 2014년보다 0.5%p 증가한 9.8%이며, 독일의 청년층 실업률은 2014년보다 0.6%p 증가한 11%였다. 독일의 청년층 실업률 증가량이 대한민국보다 높았다.

25 정답 ②

1119를 기호로 변환하면 '☆△'가 되어야 하므로 올바르지 않다.

26 정답 ④

오답분석

① $◎를 숫자로 변환하면 '2834'가 되어야 하므로 올바르지 않다.
② %★을 숫자로 변환하면 '0131'이 되어야 하므로 올바르지 않다.
③ @◇를 숫자로 변환하면 '0724'가 되어야 하므로 올바르지 않다.
⑤ @$를 숫자로 변환하면 '0728'이 되어야 하므로 올바르지 않다.

27 정답 ①

오답분석

② $◇를 숫자로 변환하면 '2824'가 되므로 올바르지 않다.
③ ★%를 숫자로 변환하면 '3101'이 되므로 올바르지 않다.
④ @$를 숫자로 변환하면 '0728'이 되므로 올바르지 않다.
⑤ %◇를 숫자로 변환하면 '0124'가 되므로 올바르지 않다.

28 정답 ③

오답분석

① 3491을 기호화하면 '◎▽'이므로 올바르지 않다.
② 1131을 기호화하면 '☆★'이므로 올바르지 않다.
④ 2491을 기호화하면 '◇▽'이므로 올바르지 않다.
⑤ 9107을 기호화하면 '▽@'이므로 올바르지 않다.

29 정답 ①

표에 나와 있는 소형버스 코드를 모두 모으면 5개이다. RT-25-KOR-18-0803, RT-16-DEU-23-1501, RT-25-DEU-12-0904, RT-23-KOR-07-0628, RT-16-USA-09-0712이며, 이 중 독일에서 생산된 DEU 코드를 가진 것은 2개로 절반 이상이 독일에서 생산되었다는 것은 틀린 말이다.

30 정답 ④

- 첫 번째 조건에 의해, A가 받는 상여금은 75만원이다.
- 두 번째, 네 번째 조건에 의해, B<C, B<D<E이므로 B가 받는 상여금은 25만원이다.
- 세 번째 조건에 의해, C가 받는 상여금은 50만원 또는 100만원이다. E가 받는 상여금은 125만원이다.

31 정답 ④

- A : 300억원×0.01=3억원
- B : 2,000CUBIC×20,000원=4,000만원
- C : 500톤×80,000원=4,000만원

따라서 전체 지급 금액은 3억 8,000만원이다.

32 정답 ④

- 이주임 : 2020년 부채의 전년 대비 감소율은 $\frac{3,777-4,072}{4,072}\times 100 \fallingdotseq -7.2\%$이므로 10% 미만이다.
- 박사원 : 자산 대비 자본의 비율은 2019년에 $\frac{39,295}{44,167}\times 100 \fallingdotseq 89.0\%$이고, 2020년에 $\frac{40,549}{44,326}\times 100 \fallingdotseq 91.5\%$로 증가하였으므로 옳은 설명이다.

오답분석

- 김대리 : 2018년부터 2020년까지 당기순이익의 전년 대비 증감방향은 '증가-증가-증가'이나, 부채의 경우 '증가-증가-감소'이므로 옳지 않은 설명이다.
- 최주임 : 2019년의 경우, 부채비율이 전년과 동일하므로 옳지 않은 설명이다.

33 정답 ①

각 변에 있는 수를 차례로 a, b, c, d라 할 때, 모든 변이 a×b+c×d=11이 되는 일정한 규칙을 갖는다. 왼쪽 변의 숫자로 식을 만들면 3×(−3)+ㅁ×4=11이므로 이를 계산하면 ㅁ의 값은 5이다.

34 정답 ③

나열된 문자를 알파벳은 A부터 순서대로, 한글 자음은 ㄱ부터 순서대로 숫자를 대입하는 방식으로 정리하면 다음과 같다.

H	ㄷ	( )	ㅂ	L	ㅌ
8	3	10	6	12	12

규칙을 추론하면 왼쪽에서부터 알파벳 항끼리는 2씩 더하면서 변하고 한글 자모 항끼리는 2씩 곱하면서 변하는 규칙이 있음을 알 수 있다. 괄호 안에는 10이 들어가야 하므로 이에 해당하는 알파벳은 J이다.

35 정답 ③

나열된 문자를 알파벳은 A부터 순서대로, 한글 자음은 ㄱ부터 순서대로 숫자를 대입하는 방식으로 정리하면 다음과 같다. 총 14자인 한글 자음은 14진법으로 계산하면 ㄱ은 15이고 ㄴ은 16이 되기도 하므로 마지막 ㄴ은 16으로 여긴다.

E	ㄹ	( )	ㅇ	I	ㄴ
5	4	7	8	9	2(16)

규칙을 추론하면 왼쪽에서부터 알파벳 항끼리는 2씩 더하면서 변하고 한글 자모 항끼리는 2씩 곱하면서 변하는 규칙이 있음을 알 수 있다. 괄호 안에는 7이 들어가야 하므로 이에 해당하는 알파벳은 G이다.

36 정답 ②

홀수 항은 ÷2, 짝수 항은 ×2로 나열된 수열이다.

∴ 13.5÷2=6.75

37 정답 ④

−2, ×2, −3, ×3, −4, ×4, …인 규칙으로 이루어진 수열이다. 따라서 빈칸에 들어갈 수는 35×4=140이다.

38 정답 ⑤

A B C → (A×B)+1=C

따라서 ( )=5×6+1=31이다.

39 정답 ③

홀수 항은 −2, 짝수 항은 +2의 규칙을 갖는 문자열이다.

ㅈ	ㄷ	ㅅ	ㅁ	ㅁ	(ㅅ)
9	3	7	5	5	(7)

40 정답 ③

각각의 조건을 수식으로 비교해 보면 다음과 같다.

C>D, F>E, H>G>C, G>D>F

∴ H>G>C>D>F>E

따라서 A, B 모두 옳다.

41 정답 ②

먼저 B의 진술이 거짓일 경우 A직원과 C직원은 모두 프로젝트에 참여하지 않으며, C직원의 진술이 거짓일 경우 B직원과 C직원은 모두 프로젝트에 참여한다. 이때 B직원과 C직원의 진술은 동시에 거짓이 될 수 없으므로 둘 중 한 명의 진술은 반드시 참이 된다.

- B직원의 진술이 참인 경우
  : A직원은 프로젝트에 참여하지 않으며, B직원과 C직원은 모두 프로젝트에 참여한다. B직원과 C직원 모두 프로젝트에 참여하므로 D직원은 프로젝트에 참여하지 않는다.
- C직원의 진술이 참인 경우
  : A직원의 진술은 거짓이므로 A직원은 프로젝트에 참여하지 않으며, B직원은 프로젝트에 참여한다. C직원은 프로젝트에 참여하지 않으나, B직원이 프로젝트에 참여하므로 D직원은 프로젝트에 참여하지 않는다.

따라서 반드시 프로젝트에 참여하는 사람은 B직원이다.

42 정답 ⑤

	지망	조망			희망						
투망											
				조망							
			투망				지망		희망		

43 정답 ⑤

정										정	
		정				정					
	정										정

44 정답 ③

오답분석

① DecapduLeiz(1988)
② DedabauLeiz(1986)
④ DecebadLaiz(1988)
⑤ DecipauLeiz(1986)

45 정답 ④

358643187432462

46 정답 ①

65794322 － 65974322

47 정답 ⑤

오답분석

① 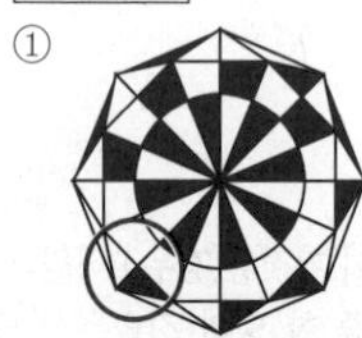 ② 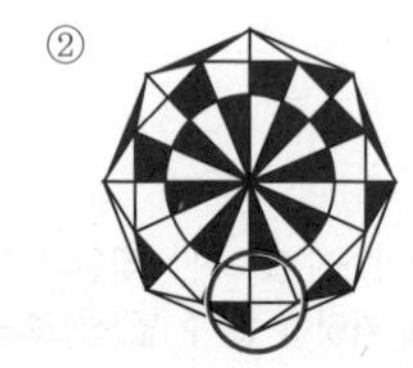 ③ 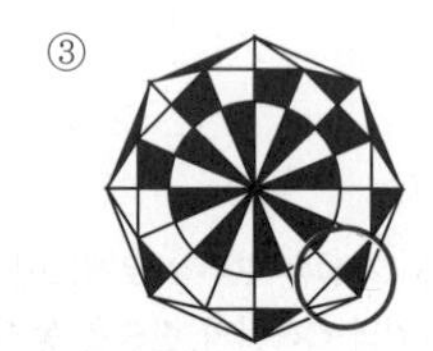 ④ 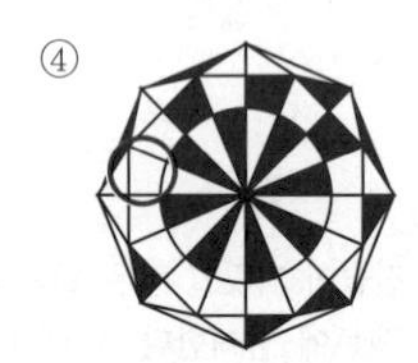

48 정답 ②

'be good at'은 '~에 능숙하다, ~을 잘하다'라는 뜻이다.

해석

「나는 내 여동생이 영어를 잘하는 것이 자랑스럽다.」

49 **정답** ③

해석

「콜로라도의 한 회사에 의해 출하되는 모든 컴퓨터 인쇄기는 처음엔 냉동된 다음 화씨 130도로 가열되고 최종적으로 다시 15분 동안 심하게 흔들리게 된다. 이 테스트는 일반 인쇄기를 군사용으로 사용하기 위해 적용되는 '내구성' 실험과정의 최종단계이다. 회로판을 고정시키고 모든 구성 성분들을 넣은 채 인쇄기는 전쟁터에서도 작동할 수 있게 충분한 시험과정을 거치게 된다.」

50 **정답** ②

막연히 다른 하나와 교환하고 싶다고 했으므로 another one이 알맞다.

해석

「A : 이 바지를 반품하고 싶어요.
B : 죄송합니다. 다른 걸로 교환하시겠어요?」

제3회 | 정답 및 해설

제3회 최종모의고사(기본형)

01	02	03	04	05	06	07	08	09	10	11	12	13	14	15	16	17	18	19	20
③	③	③	④	①	⑤	④	④	①	⑤	③	②	①	①	③	③	③	②	④	②
21	22	23	24	25	26	27	28	29	30	31	32	33	34	35	36	37	38	39	40
②	③	⑤	③	⑤	②	②	①	③	③	④	①	①	④	②	③	③	①	⑤	③
41	42	43	44	45	46	47	48	49	50										
③	④	⑤	①	①	③	④	②	①	④										

01
정답 ③

(다)의 '(전통문화가) 새로운 것을 창조하려는 노력의 결정(結晶)이라는 것'으로 볼 때 ③이 (다) 앞에 오는 것이 적절하다.

02
정답 ③

〈보기〉는 스마트 그리드 확산사업의 내용과 의의에 관해서 이야기하고 있다. '스마트 그리드 확산사업을 본격 추진한다'는 내용 뒤에 스마트 그리드 확산사업이 무엇인지 이야기해 주는 것이 옳으므로 (다)가 적절하다.

03
정답 ③

제시문은 반인륜적 범죄에 대한 처벌과 이에 따른 인권 침해에 대해 언급하고 있다. 따라서 'ⓒ 반인륜적인 범죄의 증가 → ⓛ 지난 석 달 동안 3건의 범죄(살인 사건)가 발생 → ⓔ 반인륜적 범죄에 대한 처벌 강화 → ⓖ 인권 침해에 관한 문제 제기' 순으로 연결되어야 한다.

04
정답 ④

오답분석

①은 두 번째 문장, ②는 제시문의 흐름, ③과 ⑤는 마지막 문장에서 각각 확인할 수 있다.

05
정답 ①

제시된 글에서 정보화 사회의 문제점으로 다루고 있는 것은 '정보 격차'로, 지식과 정보에 접근할 수 없는 사람들이 소득을 얻는 데 불리할 수밖에 없다고 주장한다. 때문에 정보가 상품화됨에 따라 정보를 둘러싼 불평등은 더욱 심화될 것이라고 전망하고 있다. 인터넷이나 컴퓨터 유지비 측면에서의 격차 발생은 글의 주장을 강화시키는 것으로, 이 문제에 대한 반대 입장이 될 수 없다.

06
정답 ⑤

제시문에서는 법조문과 관련된 '반대 해석'과 '확장 해석'의 개념을 일상의 사례를 들어 설명하고 있다.

07 정답 ④

제시문의 중심내용은 '거대 회사가 정보를 독점적으로 공유하며, 거대 미디어들이 제공하는 뉴스의 사실성·공정성을 검증할 수 있는 정보사용자가 없다'는 것이다. 따라서 이에 대한 결론으로 적절한 것은 정보사회의 단점을 언급한 ④이다.

08 정답 ④

제시문과 ④의 '다루다'는 '어떤 것을 소재나 대상으로 삼다'는 의미이다.

오답분석

① 기계나 기구 따위를 사용하다.
② 일거리를 처리하다.
③ 어떤 물건을 사고파는 일을 하다.
⑤ 사람이나 짐승 따위를 부리거나 상대하다.

09 정답 ①

'맵시'는 '아름답고 보기 좋은 모양새'라는 뜻으로, 이와 유사한 의미를 지닌 것은 '자태'이다.

오답분석

② 금새 : 물건의 값. 또는 물건의 비싸고 싼 정도
③ 몽짜 : 음흉하고 심술궂게 욕심을 부리는 짓 또는 그런 사람
④ 도리깨 : 곡식의 낟알을 떠는 데 쓰는 농구
⑤ 소매 : 옷의 손목에 오는 부분

10 정답 ⑤

겹받침 'ㄳ', 'ㄵ', 'ㄼ', 'ㄽ', 'ㄾ', 'ㅄ'은 어말 또는 자음 앞에서 각각 [ㄱ, ㄴ, ㄹ, ㅂ]으로 발음한다는 표준발음법에 따라 '넓다'는 [널따]로 발음해야 한다.

11 정답 ③

'어찌 된'의 뜻을 나타내는 관형사는 '웬'이므로, '어찌 된 일로'라는 함의를 가진 '웬일'이 맞는 말이다.

오답분석

① 메다 : 어떤 감정이 북받쳐 목소리가 잘 나지 않음
② 치다꺼리 : 남의 자잘한 일을 보살펴서 도와줌
④ 베다 : 날이 있는 연장 따위로 무엇을 끊거나 자르거나 가름
⑤ 지그시 : 슬며시 힘을 주는 모양

12 정답 ②

- 반박하다 : 어떤 의견, 주장, 논설 따위에 반대하여 말하다.
- 수긍하다 : 옳다고 인정하다.

13 정답 ①

빈칸 앞 문장은 '문학이 보여주는 세상은 실제의 세상 그 자체가 아니며'라고 하였고, 빈칸 뒤 문장은 '문학 작품 안에 있는 세상이나 실제로 존재하는 세상이나 그 본질에 있어서는 다를 바가 없다'고 하였다. 따라서 앞의 내용과 뒤의 내용이 상반되는 접속 부사 '그러나'가 적절하다.

14 정답 ①

• 선 그래프 : 꺾은 선으로 시간적 추이(시계열 변화)를 표시하고자 하는 경우
• 막대 그래프 : 비교하고자 하는 수량을 막대길이로 표시하고, 수량 간의 대소 관계를 나타내고자 하는 경우
• 원 그래프 : 내역이나 내용의 구성비를 분할하여 나타내고자 하는 경우
• 점 그래프 : 지역분포를 비롯하여 기업, 상품 등의 평가나 위치, 성격을 표시하고자 하는 경우
• 층별 그래프 : 합계와 각 부분의 크기를 백분율로 나타내고 시간적 변화를 보고자 하는 경우
• 레이더 차트(거미줄 그래프) : 다양한 요소를 비교하거나 경과를 나타내고자 하는 경우

15 정답 ③

100만원을 맡겨서 다음 달 104만원이 된다는 것은 이자율이 4%라는 것을 의미한다. 50만원 입금 시 다음 달 2만원의 이자가 붙고 30만원을 찾으므로 통장에는 22만원이 남게 된다.

16 정답 ③

1톤은 10kg의 100배이므로 대리석 1톤의 가격은 3,500,000루피이다. 환율의 자릿수를 바꾸면 1루피 당 11.6원이므로 3,500,000 루피에 상당하는 원화는 11.6을 곱한 40,600,000원이다.

17 정답 ③

홀수 항과 짝수 항이 각각 다른 규칙으로 나열된다. 홀수 항은 이전 홀수 항에 2씩 더해 나열한 것이고, 짝수 항은 2^2, 4^2, 6^2, 8^2 … 순으로 짝수의 제곱으로 나열한 것이다.

• $10^2 = 100$

18 정답 ②

서울에서 부산까지 멈추지 않고 120km/h 속도로 간다면 걸리는 시간은 3시간 20분이다. 운행 일지 상 소요된 시간은 4시간 10분이므로, 멈추지 않고 달렸을 때와 50분 차이가 난다. 따라서 정차한 역의 수는 50÷10=5개이다.

19 정답 ④

• 잘 익은 귤을 꺼낼 확률 : 75%
• 썩거나 안 익은 귤을 꺼낼 확률 : 25%

어느 쪽이든 둘 중 하나가 잘 익은 귤을 뽑고 나머지가 썩거나 안 익은 귤을 꺼낼 확률은 $2 \times \frac{75}{100} \times \frac{25}{100}$이므로 이를 계산해 %로 나타내면 37.5%가 된다.

20 정답 ②

원형시계에서 시침이 한 시간마다 움직이는 각도는 360÷12=30°이다. 그리고 시침이 10분마다 움직이는 각도는 30÷6=5°이다. 10시 정각일 때 시침은 12시 정각에서 60°만큼 멀어져 있으나 10분 경과에 해당하므로 5°만큼 가까워져 55°거리를 유지한다. 또한 분침은 10분에 해당하는 2시 정각을 가리키고 있으므로 12시 정각과 60° 벌어져 있다. 따라서 시침과 분침 사이의 각도는 55°+60°=115°가 된다.

21 정답 ②

2001년과 2002년 총 매출액에 대한 비율이 같은 기타 영역이 가장 차이가 적다.

22 정답 ③

A국과 F국을 비교해보면 참가선수는 A국이 더 많지만, 동메달 수는 F국이 더 많다.

오답분석

① 금메달은 F>A>E>B>D>C 순서로 많고 은메달은 C>D>B>E>A>F 순서로 많다.
② C국은 금메달을 획득하지 못했지만 획득한 메달 수는 149개로 가장 많다.
④ 참가선수의 수와 메달 합계의 순위는 동일하다.
⑤ 참가선수가 가장 적은 국가는 F로 메달 합계는 6위이다.

23 정답 ⑤

㉠ 2016년 2월에 가장 많이 낮아졌다.
㉡ 제시된 수치는 전년 동월, 즉 2015년 6월보다 325건 높아졌다는 뜻이므로, 실제 심사건수는 알 수 없다.
㉢ ㉡과 마찬가지로, 2015년 5월에 비해 3.3% 증가했다는 뜻이므로, 실제 등록률은 알 수 없다.

오답분석

㉣ 전년 동월 대비 125건이 증가했으므로, 100+125=225건이다.

24 정답 ③

A기계로 1시간 동안 만들 수 있는 비타민제의 양을 a, B기계로 1시간 동안 만들 수 있는 비타민제의 양을 b라고 한다면 다음과 같은 두 등식이 성립된다.

- $3a+2b=1,600$
- $2a+3b=1,500$

첫 번째 등식을 b를 기준으로 정리하면 $b=\frac{1,600-3a}{2}$이고 이를 두 번째 등식에 대입하면 $2a+3\times\frac{1,600-3a}{2}=1,500$이라는 등식이 성립된다. 이를 계산하면 a는 360이고 이를 다시 등식에 대입하면 b는 260이라는 걸 알 수 있다. 둘을 더하면 620이다.

25 정답 ⑤

ㄴ. 전체 무료급식소 봉사자 중 40·50대는 274+381=655명으로 전체 1,115명의 절반 이상이다.
ㄹ. 전체 노숙자쉼터 봉사자는 800명으로 이 중 30대는 118명이다.
따라서 노숙자쉼터 봉사자 중 30대가 차지하는 비율은 $\frac{118}{800}\times100=14.75\%$이다.

오답분석

ㄱ. 전체 보육원 봉사자는 총 2,000명으로 이 중 30대 이하 봉사자는 148+197+405=750명이다.
따라서 전체 보육원 봉사자 중 30대 이하가 차지하는 비율은 $\frac{750}{2,000}\times100=37.5\%$이다.
ㄷ. 전체 봉사자 중 50대의 비율은 $\frac{1,600}{5,000}\times100=32\%$이고, 20대의 비율은 $\frac{650}{5,000}\times100=13\%$이다.
따라서 전체 봉사자 중 50대의 비율은 20대의 약 $\frac{32}{13}\fallingdotseq2.5$배이다.

26 정답 ②

전체 일의 양을 1이라 하면 민수와 아버지가 1분 동안 하는 일의 양은 각각 $\frac{1}{60}$, $\frac{1}{15}$이다.

민수가 아버지와 함께 일한 시간을 x분이라 하면, 다음과 같다.

$$\frac{1}{60}\times30+\left\{\left(\frac{1}{60}+\frac{1}{15}\right)\times x\right\}=1$$

$\therefore x=6$

따라서 민수와 아버지가 함께 일한 시간은 6분이다.

27 정답 ②

규칙 I에 따라 알파벳에 숫자를 1부터 대입하여 표를 만들면 다음과 같다.

a	b	c	d	e	f	g	h	i	j	k	l	m
1	2	3	4	5	6	7	8	9	10	11	12	13
n	o	p	q	r	s	t	u	v	w	x	y	z
14	15	16	17	18	19	20	21	22	23	24	25	26

규칙 Ⅱ에 따라 abroad의 각 알파벳을 숫자로 변환해 합을 구하면 41이고, 규칙 Ⅲ에 따라 모음에서 변환된 숫자들만 더해 제곱한 뒤 모음의 개수로 나누면 96.3333…이 나온다. 소수점 첫째 자리에서 버린 뒤 Ⅱ의 값에 더하면 137이 나온다.

28 정답 ①

규칙 Ⅱ에 따라 positivity의 각 알파벳을 숫자로 변환해 합을 구하면 164이고, 규칙 Ⅲ에 따라 모음에서 변환된 숫자들만 더해 제곱한 뒤 모음의 개수로 나누면 441이 나온다. 이를 Ⅱ의 값에 더하면 605가 나온다.

29 정답 ③

규칙 Ⅱ에 따라 endeavor의 각 알파벳을 숫자로 변환해 합을 구하면 84이고, 규칙 Ⅲ에 따라 모음에서 변환된 숫자들만 더해 제곱한 뒤 모음의 개수로 나누면 169가 나온다. 이를 Ⅱ의 값에 더하면 253이 나온다.

30 정답 ③

A기계를 선택하면 임금은 10시간×8,000원=80,000원, 임대료 10,000원으로 총 비용은 90,000원이다. B기계를 선택하면 임금은 7시간×8,000원=56,000원, 임대료 20,000원으로 총 비용은 76,000원이다. 따라서 B기계를 사용하는 것이 더 효율적이다. 시장 가격이 100,000원이므로 생산비가 76,000원이면 24,000원의 이윤이 발생된다.

31 정답 ④

〈조건〉에 따라, 가능한 경우를 정리하면 다음과 같다.

구분	1층	2층	3층	4층	5층
경우 1	E	A	B	C	D
경우 2	E	A	B	D	C
경우 3	E	A	C	D	B
경우 4	E	A	D	C	B

즉, E가 1층에 사는 것은 확실하다.

32 정답 ①

한국의 업무시간인 오전 8시~오후 6시는 파키스탄의 오전 4시~오후 2시이다. 화상회의 시간인 한국의 오후 4~5시는 파키스탄의 오후 12시~1시이며 점심시간에는 회의를 진행하지 않으므로 파키스탄은 회의 참석이 불가능하다.

33 정답 ①

제시문은 문제의 3가지 유형 중 탐색형 문제에 대한 설명으로, 현재의 상황을 개선하거나 효율을 높이기 위한 문제를 의미한다. 어제 구입한 알람시계의 고장은 이미 일어난 문제이므로 발생형 문제에 해당한다.

34 **정답** ④

알파벳 A부터 순서대로 숫자를 대입하는 방식으로 정리하면 문자들은 1, 4, 9, 16으로 변환된다. 1의 제곱, 2의 제곱, 3의 제곱, 4의 제곱 순으로 이어지는 규칙을 발견할 수 있으므로 괄호 안에는 5의 제곱인 25에 해당하는 Y가 들어간다.

35 **정답** ②

나열된 문자를 알파벳은 A부터 순서대로, 한글 자음은 ㄱ부터 순서대로 숫자를 대입하는 방식으로 정리하면 다음과 같다.

B	ㄷ	E	ㅅ	( )
2	3	5	7	11

2, 3, 5, 7은 나눠서 정수가 나오는 값이 1과 자신밖에 없는 소수이다. 하나씩 큰 소수가 나오는 규칙과 왼쪽부터 홀수 항에는 알파벳이 짝수 항에는 한글 자모가 들어가는 규칙을 추론할 수 있으므로 괄호 안에는 11에 해당하는 알파벳 K가 들어간다.

36 **정답** ③

알파벳 A부터 순서대로 숫자를 대입하는 방식으로 정리하면 문자들은 1, 1, 2, 3, 5, 8, 13으로 변환된다. 앞의 두 항을 더하면 뒷항이 되는 규칙을 발견할 수 있으므로, 괄호 안에는 8+13=21에 해당하는 알파벳 U가 온다.

37 **정답** ③

+3, ÷2가 반복되는 수열이다.

캐	해	새	채	매	애	(래)
11	14	7	10	5	8	4

38 **정답** ①

(앞의 항)×(−2)+2=(다음 항)

따라서 ( )=150×(−2)+2=−298이다.

39 **정답** ⑤

홀수 항은 ×(−9)이고 짝수 항은 +9인 수열이다.

따라서 ( )=20+9=29이다.

40 **정답** ③

한 명만 거짓말을 하고 있기 때문에 모두의 말을 참이라고 가정하고, 모순이 어디서 발생하는지 생각해 본다.

다섯 명의 말에 따르면, 1등을 할 수 있는 사람은 C밖에 없는데, E의 진술과 모순이 생기는 것을 알 수 있다.

만약 C의 진술이 거짓이라고 가정하면 1등을 할 수 있는 사람이 없게 되므로 모순이다.

따라서 E의 진술이 거짓이므로 나올 수 있는 순위는 C－A－E－B－D, C－A－B－D－E, C－E－B－A－D임을 알 수 있다.

41 **정답** ③

규칙은 가로 방향으로 적용된다. 첫 번째 도형과 두 번째 도형의 공통부분을 색칠한 후에 시계 반대 방향으로 90° 회전한 것이 세 번째 도형이 된다.

42 정답 ④

							rib				
				refer					room		
		rapt									

43 정답 ⑤

					9543						9543
	9543			9543						9543	
			9543				9543				

44 정답 ①

오답분석

② Violin Sonota BB.124－Ⅲ
③ Violin Sonata BB.124－Ⅱ
④ Violin Sonata BP.124－Ⅲ
⑤ Violin Sonita BB.124－Ⅲ

45 정답 ①

오답분석

ablessingindls

46 정답 ③

• 1층 : 9개
• 2층 : 2개
• 3층 : 1개
∴ 9+2+1=12개

47 정답 ④

① 
② 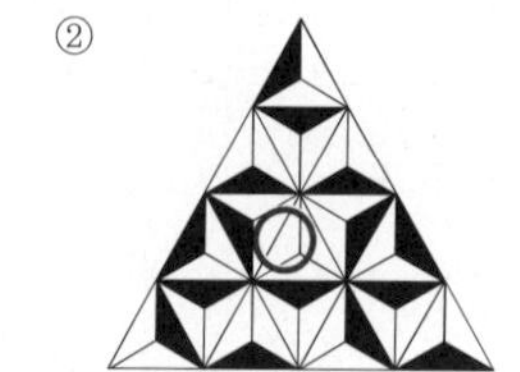
③ 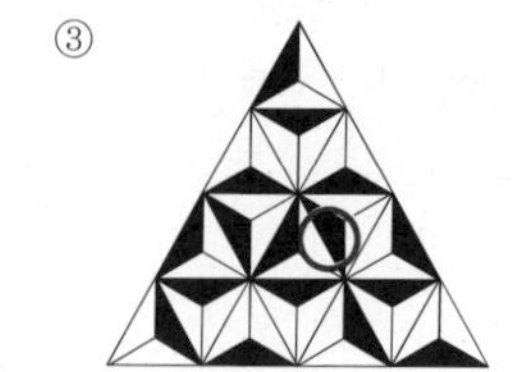
⑤ 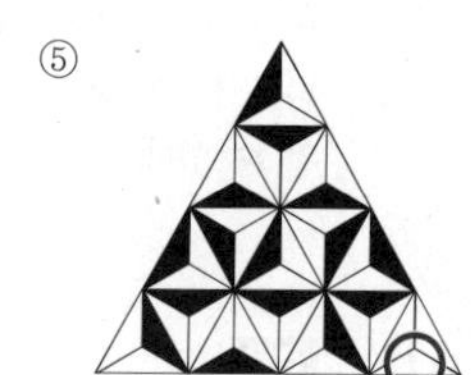

48 **정답** ②

계산 장애를 가진 사람들처럼 기억력이 안 좋은 사람들도 현대 기술의 도움을 받을 수 있다는 내용이다. 빈칸의 앞뒤는 같은 종류의 예시를 들고 있으므로 '똑같이, 비슷하게'라는 의미를 가진 'Likewise'가 정답이다.

해석

「현대 기술은 정보를 얻고 스스로를 표현하는 대안책에 대한 접근을 학습자들에게 제공함으로써 많은 학습 장애를 거의 없애 버렸다. 철자에 서툰 사람들은 철자 점검기를 이용할 수 있고 판독하기 어려운 필체를 가진 사람들은 정돈된 원고를 만들기 위해 워드프로세서를 이용할 수 있다. 계산 장애를 가진 사람들은 수학 문제가 생길 때 간편한 소형 계산기를 가짐으로써 도움을 얻는다. 마찬가지로, 기억력이 나쁜 사람들은 강의와 토론과 대화를 테이프에 담을 수 있다. 불완전한 시각화 기술을 가진 사람들은 화면에서 3차원의 물체들을 조작할 수 있도록 해 주는 컴퓨터 이용 설계(CAD) 소프트웨어 프로그램을 사용할 수 있다.」

49 **정답** ①

ⓐ 등위접속사 and를 기준으로 앞, 뒤의 절이 대등하게 연결되어야 한다. 후절의 시제로 보아 spanning이 아니라 'spanned'가 되어야 한다.

ⓓ Psychological research가 주어이므로 단수동사인 'is'가 와야 한다.

오답분석

ⓑ 주어가 mothers이며 뒤에 목적어가 없는 것으로 보아 수동태인 'are seen'으로 쓰인 것은 적절하다.

ⓒ increase는 자동사와 타동사로 모두 쓰일 수 있는데, 문맥상 판단해 볼 때 '위험이 증가된'이라는 의미의 'increased'는 적합하다.

50 **정답** ④

(A) 기존 석유 연료에 대한 대안 혹은 대체로서 바이오 연료를 들고 있다. '대안'의 의미를 가진 것은 'alternative'이다.

(B) 바이오 연료는 그것을 얻는 과정에서 석유 연료를 정제하는 것보다 더 많은 물을 필요로 한다. 따라서 바이오 연료를 생산하는 지역이 많아질수록 물 관리에 곤경을 겪을 것이다. 기존 상황을 악화시킨다는 의미에서 'exacerbate'가 적합하다.

해석

「화석 연료는 땅속 깊이 매립되어 있으며 석유는 전문가들이 빠르게 고갈될 것이라는 데 동의한 유한한 자원이다. 걷잡을 수 없는 석유 소비로 인한 온실가스 배출은 환경에 파괴적인 영향을 끼치고 있다. 하지만 바이오 연료는 훨씬 친환경적이다. 세계의 많은 과학자들과 정치인들이 석유에 대한 우리의 의존의 (A) 대안으로서 바이오 연료의 생산과 사용을 활성화시키려는 주된 이유가 바로 이것이다. 바이오 연료는 재생 가능하고, 또한 연료 가격의 안정에 도움이 될 수 있다. 하지만 명백한 장점들에도 불구하고, 많은 사람들이 바이오 연료로 전환하는 이점에 대해 회의적이다. 특히 농부들에게는 옥수수 같은 보다 수익성 있는 연료 작물로 전환할 경우 쌀, 곡물, 그리고 다른 기초 식품들의 전 세계적 물가가 엄청나게 상승할 것이라는 공포가 존재한다. 게다가 바이오 연료를 키우고 생산하는 현대 생산 방법들은 화석 연료를 위한 전통적인 정제법보다 더 많은 양의 물을 소비한다. 바이오 연료 농업으로 전환하는 지역이 점점 더 많아질수록, 이것은 물 관리의 곤경을 (B) 악화시킬 것이다.」

제4회 | 정답 및 해설

제4회 최종모의고사(혼합형)

01	02	03	04	05	06	07	08	09	10	11	12	13	14	15	16	17	18	19	20
②	②	④	④	④	①	⑤	④	③	①	②	③	④	⑤	②	③	③	④	④	④
21	22	23	24	25	26	27	28	29	30	31	32	33	34	35	36	37	38	39	40
④	①	⑤	②	③	②	③	①	③	④	③	③	⑤	①	②	②	③	②	④	①
41	42	43	44	45	46	47	48	49	50										
⑤	④	④	①	①	①	②	②	②	①										

01 **정답** ②

제시된 개요에서 본론은 포장재 쓰레기가 늘고 있는 원인과 해결 방안을 말한다. '본론 1'에서는 '포장재 쓰레기가 늘고 있는 원인'을, '본론 2'에서는 '포장재 쓰레기의 양을 줄이기 위한 방안'을 각각 기업과 소비자 차원으로 나누어 다루고 있다. 그러므로 ㉠에는 '본론 1-(2)'에서 제시한 원인과 연계 지어, 소비자 차원에서 포장재 쓰레기의 양을 줄이기 위한 방안을 제시하는 내용이 들어가야 한다.

02 **정답** ②

제시문은 재산권 제도의 발달에 따른 경제 성장을 예로 들어 제도의 발달과 경제 성장의 상관 관계에 대해 설명하고 있다. 더불어 제도가 경제 성장에 영향을 줄 수는 있지만 동시에 경제 성장으로부터 영향을 받을 수도 있다는 점에서 그 인과 관계를 판단하기 어려운 한계점을 제시하고 있다. 따라서 제목으로 어울리는 것은 '경제 성장과 제도 발달'이다.

03 **정답** ④

㉣은 직업관의 획일화가 사회에 끼치는 부정적인 면을 설명하는 문장이다. 문장 앞뒤의 내용을 살펴볼 때 ㉣이 들어가는 것은 적절하다. ㉣을 삭제한다면 뒤에 등장하는 '또한'이라는 표현이 등장하는 것도 부자연스러워지기 때문에 삭제해서는 안 된다.

04 **정답** ④

법은 우리의 자유를 막고 때로는 신체적 구속을 행사하는 경우도 있지만 법이 없으면 안전한 생활을 할 수 없다는 점에서 없어서는 안 될 존재이다. 이와 마찬가지로 울타리는 우리의 시야를 가리고 때로는 바깥출입의 자유를 방해하지만 한편으로는 안전하고 포근한 삶을 보장한다는 점에서 고마운 존재이다. 제시된 글은 법과 울타리의 '양면성'이라는 공통점을 근거로 내용을 전개하고 있다.

05 **정답** ④

제시문은 '온난화 기체 저감을 위한 습지 건설 기술'에 대한 내용으로, ㉠ 뒤에 기술 이전에 관한 내용이 온다. 따라서 (B) 인공 습지 개발 가정 → (C) 그에 따른 기술적 성과 → (A) 개발 기술의 활용 순서로 구성하는 것이 자연스럽다.

06 **정답** ①

빈칸 뒤 문장에서 '외래어가 넘쳐나는 것은 고도성장과 결코 무관하지 않다'라고 했다. 즉, 사회의 성장과 외래어의 증가는 관계가 있다는 의미이므로 이를 포함하는 문장이 빈칸에 위치해야 한다.

07 **정답** ⑤

제시문은 통계 수치의 의미를 정확하게 이해하고 도구와 방법을 올바르게 사용해야 하며, 특히 아웃라이어의 경우를 생각해야 한다고 주장하고 있다.

오답분석

①·② '평균' 자체가 숫자 놀음과 같이 부적당하다고는 언급하지 않았다.
③ 아웃라이어가 있는 경우에만 평균보다는 최빈값이나 중앙값이 대푯값으로 더 적당하다.
④ 내용이 올바르지 않은 것은 아니지만, 통계의 유용성은 글의 도입부에 잠깐 인용되었을 뿐, 글의 중심내용으로 볼 수 없다.

08 **정답** ④

- 내로라 : '내로라하다(어떤 분야를 대표할 만하다)'의 어근
- 결재 : 결정할 권한이 있는 상관이 부하가 제출한 안건을 검토하여 허가하거나 승인함

오답분석

- 결제 : 경제증권 또는 대금을 주고받아 매매 당사자 사이의 거래 관계를 끝맺는 일

09 **정답** ③

A사와 B사의 전체 직원 수를 알 수 없으므로, 비율만으로는 판단할 수 없다.

오답분석

① 여직원 대비 남직원 비율은 여직원 비율이 높을수록, 남직원 비율이 낮을수록 값이 작아진다. 따라서 여직원 비율이 가장 높으면서, 남직원 비율이 가장 낮은 D사가 비율이 최저이고, 남직원 비율이 여직원 비율보다 높은 A사의 비율이 가장 높다.
② B, C, D사 각각 남직원보다 여직원의 비율이 높다. 따라서 B, C, D사 모두에서 남직원 수보다 여직원 수가 많다. 즉, B, C, D사의 직원 수를 다 합했을 때도 남직원 수는 여직원 수보다 적다.
④ A사의 전체 직원 수를 a명, B사의 전체 직원 수를 b명이라 하면, A사의 남직원 수는 $0.54a$, B사의 남직원 수는 $0.48b$이다.

$$\frac{0.54a+0.48b}{a+b}\times 100=52 \rightarrow 54a+48b=52(a+b)$$

$\therefore a=2b$

⑤ A, B, C사의 각각 전체 직원 수를 a라 하면, 여직원의 수는 각각 $0.46a$, $0.52a$, $0.58a$이다.
따라서 $0.46a+0.58a=2\times 0.52a$이므로 옳은 설명이다.

10 **정답** ①

자료는 비율을 나타내기 때문에 실업자의 수는 알 수 없다.

오답분석

② 실업자 비율은 2%p 증가하였다.
③ 경제활동인구 비율은 80%에서 70%로 감소하였다.
④ 취업자 비율은 12%p 감소한 반면, 실업자 비율은 2%p 증가하였기 때문에 취업자 비율의 증감폭이 더 크다.
⑤ 비경제활동인구의 비율은 20% → 30%로 10%p 증가하였다.

11 정답 ②

• 집결 : 한군데로 모이거나 모여 뭉침
• 해산 : 모였던 사람이 흩어짐

오답분석

① 소집 : 단체나 조직체의 구성원을 불러서 모음
③ 모집 : 사람이나 작품, 물품 따위를 일정한 조건 아래 널리 알려 뽑아 모음
④ 선발 : 많은 가운데서 골라 뽑음
⑤ 해부 : 사물의 조리를 자세히 분석하여 연구함

12 정답 ③

오답분석

① 음식이 싱거우니 소금을 쳐야(넣어야)겠다.
② 중요한 부분에 밑줄을 쳤다(그었다).
④ 간호사는 상처가 난 곳에 약을 발라 주고 붕대를 쳐(둘러) 주었다.
⑤ 삼촌은 돼지를 쳐서(키워서) 생계를 유지한다.

13 정답 ④

• 이모 : 어머니의 여자형제를 이르거나 부르는 말
• 외삼촌 : 어머니의 남자형제를 이르는 말

오답분석

• 고모 : 아버지의 여자형제를 이르거나 부르는 말
• 삼촌 : 아버지의 결혼하지 않은 남자형제를 이르거나 부르는 말
• 숙부 : 아버지의 결혼한 남자형제를 이르거나 부르는 말
• 숙모 : 아버지의 남자형제의 부인을 이르거나 부르는 말

14 정답 ⑤

'끝인사'는 명사 '끝'과 '인사'가 결합한 합성어로 'ㄷ, ㅌ'이 '–이'와 만날 때 'ㅈ, ㅊ'으로 발음되는 구개음화가 일어나지 않으므로 표준발음은 [끄딘사]이다.

15 정답 ②

• 1인치는 2.54cm이다.

오답분석

• 10mm는 1cm, 100cm는 1m, 1,000m는 1km이다.
• 1,000g은 1kg, 1,000kg은 1톤(t)이다.

16 정답 ③

검산에는 구거법과 역산법이 있다.
역산법은 값을 구한 뒤 그 과정을 반대로 다시 되돌리는 방법이다. +는 −로, −는 +로, ×는 ÷로, ÷는 ×로 바꾸어 푼다.
구거법은 수에서 9의 특징을 이용해 계산식을 간단하게 하여 검산하는 방법이다.
③ 자연수의 계산에서는 구거법이 더 빠르다.

17 정답 ③

앞의 항에 1, 3, 5, 7, 9, 11, … 식으로 홀수 단위로 늘어나는 숫자를 더하는 수열이다.

• 18+7=25

18 정답 ④

이자+대출금=97,750원이므로 대출금을 x라고 하면 $x+0.15x=97,750$이다.

식에 100을 곱하면 $100x+15x=9,775,000$이 된다.

이후 식을 115로 나누면 대출금은 85,000원이고 이자는 12,750원임을 알 수 있다.

19 정답 ④

지게차의 평균 속력이 6km/h이므로 분당 이동거리는 6,000÷60=100m이다. 지게차가 작업을 두 번 반복하기 위해서는, 물건을 실어서 나르고 다시 돌아온 뒤 다시 실어서 날라야 하므로 한 번 왕복하고 다시 가는 거리인 200×3=600m를 이동해야 한다. 이동시간은 총 6분이 소요된다. 적재와 하역에 소요되는 시간은 각각 30초이므로 이를 두 번씩 반복하면 30×4=120초이므로 적재와 하역에는 총 2분이 소요된다. 따라서, 지게차 한 대가 2회 작업에 필요한 시간은 총 8분이다.

20 정답 ④

(적어도 1개는 하얀 공을 꺼낼 확률)=1−(모두 빨간 공을 꺼낼 확률)이다. 이를 수식으로 나타내면 다음과 같다.

• $1-\left(\frac{4}{10}\times\frac{3}{9}\right)=1-\frac{2}{15}=\frac{13}{15}$

21 정답 ④

아버지의 나이를 x, 큰아들의 나이를 y라고 하면 어머니의 나이는 $x-4$, 작은아들의 나이는 $y-2$이다. 큰아들과 작은아들의 나이의 합이 40이라면 $y+(y-2)=40$이라는 등식을 세울 수 있으며 이를 계산해 큰아들의 나이가 21세임을 알 수 있다. 아버지와 어머니의 나이의 합이 큰아들의 나이의 6배이므로 이를 등식으로 나타내면 $x+(x-4)=6y$이고 y에 21을 대입한 뒤 이를 계산해보면 아버지의 나이는 65세임을 알 수 있다.

22 정답 ①

두 회사 휴일의 최소공배수는 24이므로 24일에 한 번씩 같은 날 쉰다. 첫 번째로 함께 쉬는 날이 일요일이었으니 이때부터 24×3=72일 후에 네 번째로 함께 쉰다. 일주일은 7일이므로 70일 후 되는 날은 일요일이며, 72일째는 화요일이 된다.

23 정답 ⑤

2019년보다 2017년 디자인의 심판처리 건수와 2018년 디자인의 심판청구 건수, 2020년 실용신안과 디자인의 심판청구와 심판처리 건수가 적고, 심판처리 기간은 2019년이 가장 길다.

오답분석

① 제시된 자료를 통해 쉽게 확인할 수 있다.
② 2019년과 2020년에는 심판처리 건수가 더 많았다.
③ 실용신안의 심판청구 건수와 심판처리 건수가 이에 해당한다.
④ 2017년에는 5.9개월, 2020년에는 10.2개월이므로 증가율은 $\frac{10.2-5.9}{5.9}\times100≒72.9\%$이다.

24 정답 ②

2017년 실용신안 심판청구 건수가 906건이고, 2020년 실용신안 심판청구 건수가 473건이므로

감소율은 $\frac{906-473}{906}\times 100 \fallingdotseq 47.8\%$이다.

25 정답 ③

- CBP-WK4A-P31-B0803 : 배터리 형태 중 WK는 없는 형태이다.
- PBP-DK1E-P21-A8B12 : 고속충전 규격 중 P21은 없는 규격이다.
- NBP-LC3B-P31-B3230 : 생산날짜의 2월에는 30일이 없다.
- CNP-LW4E-P20-A7A29 : 제품 분류 중 CNP는 없는 분류이다.

따라서 보기에서 시리얼 넘버가 잘못 부여된 제품은 모두 4개이다.

26 정답 ②

고객이 설명한 제품 정보를 정리하면 다음과 같다.

- 설치형 : PBP
- 도킹형 : DK
- 20,000mAH 이상 : 2
- 60W 이상 : B
- USB - PD3.0 : P30
- 2022년 10월 12일 : B2012

따라서 S주임이 데이터베이스에 검색할 시리얼 넘버는 PBP-DK2B-P30-B2012이다.

27 정답 ③

주어진 명제를 정리하면 다음과 같다.

- a : 커피를 좋아하는 사람
- b : 홍차를 좋아하는 사람
- c : 우유를 좋아하는 사람
- d : 콜라를 좋아하는 사람

a → b, c → ~b, ~c → d이며, 두 번째 명제의 대우는 b → ~c 이다.

따라서 a → b → ~c → d이므로 '커피를 좋아하는 사람은 콜라를 좋아한다'가 참이다.

28 정답 ①

고독사 및 자살 위험이 높다고 판단되는 경우 만 60세 이상으로 하향 조정이 가능하다.

오답분석

② 노인 맞춤 돌봄서비스 중 생활교육서비스에 해당한다.
③ 특화서비스는 가족, 이웃과 단절되거나 정신건강 등의 문제로 자살, 고독사 위험이 높은 취약 노인을 대상으로 상담 및 진료서비스를 제공한다.
④ 안전지원서비스를 통해 노인의 안전 여부를 확인할 수 있다.
⑤ 유사 중복사업 자격에 해당하는 경우 선정 기준에서 제외된다.

29 정답 ③

노인 맞춤 돌봄서비스는 만 65세 이상의 기초생활수급자, 차상위계층, 기초연금수급자의 경우 신청이 가능하다. F와 H는 소득수준이 기준에 해당하지 않으므로 제외되며, J는 만 64세이므로 제외된다. 또한 E, G, K는 유사 중복사업의 지원을 받고 있으므로 제외된다. 따라서 E, F, G, H, J, K 6명은 노인 맞춤 돌봄서비스 신청이 불가능하다.

30 정답 ④

브레인스토밍은 어떤 문제의 해결책을 찾기 위해 여러 사람이 자유롭게 아이디어를 제시하도록 요구하는 방법으로, 가능한 많은 양의 아이디어를 모아 그 속에서 해결책을 찾는 방법이다. 따라서 제시된 아이디어에 대해 비판해서는 안 되며, 다양한 아이디어를 결합하여 최적의 방안을 찾아야 한다.

31 정답 ③

비판적 사고를 발휘하는 데에는 개방성, 융통성 등이 필요하다. 개방성은 다양한 여러 신념들이 진실일 수 있다는 것을 받아들이는 태도로, 편견이나 선입견에 의하여 결정을 내려서는 안 된다. 융통성은 개인의 신념이나 탐구 방법을 변경할 수 있는 태도로, 비판적 사고를 위해서는 특정한 신념의 지배를 받는 고정성, 독단적 태도 등을 배격해야 한다. 따라서 비판적 평가에서 가장 낮은 평가를 받게 될 지원자는 본인의 신념을 갖고 상대를 끝까지 설득하겠다는 C지원자이다.

32 정답 ③

A~E인턴들 중에 소비자들의 불만을 접수해서 처리하는 업무를 맡기기에 가장 적절한 인턴은 C인턴이다. 잘 흥분하지 않으며, 일처리가 신속하고 정확하다고 '책임자의 관찰 사항'에 명시되어 있으며, 직업선호 유형은 'CR'로 관습형 · 현실형에 해당된다. 따라서 현실적이며 보수적이고 변화를 좋아하지 않는 유형으로 소비자들의 불만을 들어도 감정적으로 대응하지 않을 성격이기 때문에 C인턴이 이 업무에 가장 적합하다.

33 정답 ⑤

앞의 항에 $\times\frac{2}{3}$인 수열이다.

따라서 ($)=\frac{13}{18}\times\frac{2}{3}=\frac{13}{27}$이다.

34 정답 ①

ㄱ부터 순서대로 숫자를 대입하는 방식으로 정리하면 다음과 같다. 총 14자인 한글 자음은 14진법으로 계산하면 ㅂ은 20(14+6)이 되기도 한다. 규칙을 추론하면 앞의 항에 3, 4, 5, 6, 7, …을 더하는 수열이다.

ㄴ	ㅁ	ㅈ	ㅎ	ㅂ	(ㅍ)
2	5	9	14	20 (=14+6)	27 (=14+13)

35 정답 ②

나열된 문자를 알파벳은 A부터 순서대로, 한글 자음은 ㄱ부터 순서대로 숫자를 대입하는 방식으로 정리하면 다음과 같다. 규칙을 추론하면 왼쪽부터 ÷2, +11이 반복되는 수열이다.

N	ㅅ	R	ㅈ	T	ㅊ	(U)
14	7	18	9	20	10	21

36 정답 ②

한 단계씩 이동할 때마다 삼각형은 오른쪽 대각선 방향으로 위, 아래로 도형이 생성되고, 사각형은 위, 오른쪽 도형이 생성되며, 원은 위에 도형이 생성되고, 마름모는 왼쪽에 도형이 생성된다. 따라서 이러한 규칙을 적용하면 그 다음에 나올 수 있는 도형은 ②이다.

37

정답 ③

제시된 도형의 관계는 위와 아래의 도형을 하나로 합친 후의 모습을 좌우 대칭한 것이다. 따라서 문제의 규칙에 따라 다음과 같은 도형이 온다.

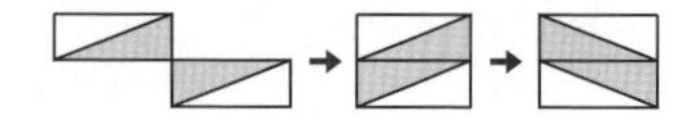

38

정답 ②

防北神放放頒防珍防快神新快快神快珍珍新快神鎭珍珍防北放放快防神放

39

정답 ④

왼쪽 도형의 안쪽 모양이 오른쪽 도형의 바깥쪽으로, 왼쪽 도형의 바깥쪽 모양이 오른쪽 도형의 안쪽으로 바뀌는 관계이다. 그리고 새로운 도형의 안쪽에는 X자의 형태로 색깔이 칠해져 있다. 따라서 원이 바깥쪽에, 사각형이 안쪽에 있으면서 사각형에 X자 형태로 색이 칠해져 있는 ④가 정답이다.

40

정답 ①

- 1층 : $3\times3-(2+0+2)=5$개
- 2층 : $9-(3+0+2)=4$개
- 3층 : $9-(3+2+3)=1$개

$\therefore$ $5+4+1=10$개

41

정답 ⑤

⑤는 제시된 도형을 180° 회전한 것이다.

42

정답 ④

규칙 : % - 갸, a - 겨, & - 교, b - 규

④의 %ba&를 주어진 규칙에 적용해보면 각각 '% - 갸, b - 규, a - 겨, & - 교'가 된다. 따라서 '%ba& - 갸규겨교'가 규칙에 따라 알맞게 변형한 것이다.

오답분석

① a%b& - 겨갸교규 → 겨갸규교
② ba&% - 규겨갸교 → 규겨교갸
③ &%ba - 교겨갸규 → 교갸규겨
⑤ &ab% - 겨겨교갸 → 교겨규갸

43

정답 ④

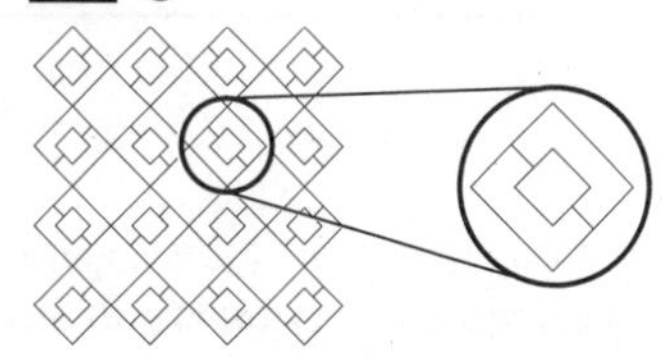

44 **정답** ①

610	331	601	838	811	818	848	688	881	918	998	518
306	102	37	98	81	881	668	618	718	993	523	609
109	562	640	718	266	891	871	221	105	691	860	216
881	913	571	130	164	471	848	946	220	155	676	819

45 **정답** ①

제시된 단어의 의미는 '근면한'으로, 이와 반대되는 의미를 가진 단어는 lazy(게으른)이다.

오답분석

② 멍청한
③ 열렬한
④ 최근의
⑤ 간단한

46 **정답** ①

제시된 단어의 의미는 '설득하다'로, 이와 같은 의미를 가진 단어는 persuade(설득하다)이다.

오답분석

② 거절하다
③ 숙고하다
④ 배치하다
⑤ 기부하다

47 **정답** ②

머무르는 기간에 대한 질문이 주어져 있으므로 이에 대한 대답인 (A)가 가장 먼저 와야 하며 목적에 대한 질문인 (C)와 그에 대한 대답인 (B)의 순서로 이어지는 것이 적당하다.

해석

「당신은 얼마나 오래 머무를 계획입니까?
(A) 단 10일이요.
(C) 당신의 여행 목적은 무엇입니까?
(B) 나는 관광하러 왔습니다.」

48 **정답** ②

'주요 넘어짐 위험에 따른 관리 방법'에 따르면 바닥 청소 후에는 바닥이 잠시 축축할 수 있으므로, 이를 경고할 수 있는 적당한 표시를 한 뒤, 대안으로 우회로를 만들어야 한다. 그러므로 경고판을 설치하고 통행을 금지한다는 것은 적절하지 않다.

49 정답 ②

ㄷ. 국·영·수의 월 최대 수강자 수가 전년 대비 증가한 해는 2017년과 2021년이고, 증감률은 다음과 같다.

- 2017년 : $\frac{388-368}{368}\times100 ≒ 5.4\%$
- 2021년 : $\frac{381-359}{359}\times100 ≒ 6.1\%$

따라서 증감률은 2021년이 가장 높다.

50 정답 ①

기본급은 180만원이며, 시간 외 근무는 10시간이므로 시간 외 수당 공식에 대입하면 다음과 같다.

(시간 외 수당)$=1,800,000\times\frac{10}{200}\times1.5=135,000$원

따라서 주사원이 10월에 받는 시간 외 수당은 135,000원이다.

제5회 | 정답 및 해설

제5회	최종모의고사(혼합형)																		
01	02	03	04	05	06	07	08	09	10	11	12	13	14	15	16	17	18	19	20
③	④	②	④	⑤	②	④	②	④	⑤	②	④	④	②	③	④	①	②	②	⑤
21	22	23	24	25	26	27	28	29	30	31	32	33	34	35	36	37	38	39	40
②	①	①	④	④	⑤	③	②	②	⑤	①	②	⑤	⑤	①	④	③	③	②	③
41	42	43	44	45	46	47	48	49	50										
⑤	④	②	⑤	①	③	④	④	③	①										

01

정답 ③

'이러한 작업'이 구체화된 바로 앞 문장을 보면 빈칸은 부분적 관점의 과학적 지식과 기술을, 포괄적인 관점의 예술적 세계관을 바탕으로 이해하는 작업이므로 '과학의 예술화'가 적절하다.

02

정답 ④

오답분석

① 팔은 눈에 띄지 않을 만큼 작다.
② 빌렌도르프 지역에서 발견되었다.
③ 모델에 대해서는 밝혀진 것이 없다.
⑤ 출산, 다산의 상징이라는 의견이 지배적이다.

03

정답 ②

A는 경제 성장에 많은 전력이 필요하다는 것을 전제로, 경제 성장을 위해서 발전소를 증설해야 한다고 주장한다. 이러한 A의 주장을 반박하기 위해서는 근거로 제시하고 있는 전제를 부정하는 것이 효과적이므로 경제 성장에 많은 전력이 필요하지 않음을 입증하는 ②를 통해 반박하는 것이 효과적이다.

04

정답 ④

각 코스의 특징을 설명하면서 코스 주행 시 습득할 수 있는 운전요령을 언급하고 있다.

05

정답 ⑤

제시문은 메기 효과에 대한 글이므로 가장 먼저 메기 효과의 기원에 대해 설명한 (마) 문단으로 시작해야 하고, 뒤이어 메기 효과의 기원에 대한 과학적인 검증 및 논란에 대한 (라) 문단이 오는 것이 적절하다. 이어서 경영학 측면에서의 메기 효과에 대한 내용이 와야 하는데, (다) 문단의 경우 앞의 내용과 뒤의 내용이 상반될 때 쓰는 접속 부사인 '그러나'로 시작하므로 (가) 문단이 먼저 나오고 그 다음에 (다) 문단이 이어지는 것이 적절하다. 그리고 마지막으로 메기 효과에 대한 결론인 (나) 문단으로 끝내는 것이 가장 적절하다.

06 정답 ②

메기 효과는 과학적으로 검증되지 않았지만 적정 수준의 경쟁이 발전을 이룬다는 시사점을 가지고 있다고 하였으므로 낭설에 불과하다고 하는 것은 적절하지 않다.

오답분석

① (라) 문단의 거미와 메뚜기 실험에서 죽은 메뚜기로 인해 토양까지 황폐화되었음을 볼 때, 거대 기업의 출현은 해당 시장의 생태계까지 파괴할 수 있음을 알 수 있다.
③ (나) 문단에서 성장 동력을 발현시키기 위해서는 규제 등의 방법으로 적정 수준의 경쟁을 유지해야 한다고 서술하고 있다.
④ (가) 문단에서 메기 효과는 한국, 중국 등 고도 경쟁사회에서 널리 사용되고 있다고 서술하고 있다.
⑤ (다) 문단에서 이케아가 들어온 이후 국내 가구업체들이 오히려 성장하는 현상이 관찰되었다는 것을 통해 강자의 등장으로 약자의 성장 동력이 어느 정도 발현되었음을 알 수 있다고 서술하고 있다.

07 정답 ④

우리나라는 폐자원 에너지화에 대한 전문 인력의 수가 부족하여 환경기술 개발과 현장 대응에 어려움을 겪고 있지만, 시행은 하고 있다.

08 정답 ②

동주는 관수보다, 관수는 보람이보다, 보람이는 창호보다 크다. 따라서 동주-관수-보람-창호 순으로 크며, 인성이는 보람이와 창호보다 크지만 동주와 관수와는 비교할 수 없다.

09 정답 ④

- 임대물반환청구권 : 임대차계약이 종료하면 임대인은 임차인에게 임대물의 반환을 청구할 수 있으며, 이 경우 임차인에게 임대물의 원상회복을 요구할 수 있다(「민법」 제615조, 제618조 및 제654조).
- 부속물매수청구권 : 임차인은 임차주택의 사용편익을 위해 임대인의 동의를 얻어 이에 부속한 물건이 있는 때에는 임대차의 종료 시에 임대인에게 그 부속물의 매수를 청구할 수 있으며, 임대인으로부터 매수한 부속물에 대해서도 그 매수를 청구할 수 있다(「민법」 제646조).

따라서 두 권리의 청구 주체자 관계를 보아 '임대인, 임차인'이 들어가는 것이 적절하다.

10 정답 ⑤

밑줄 친 부분의 '따다'는 '점수나 자격 따위를 얻다'라는 의미다.

오답분석

① 이름이나 뜻을 취하여 그와 같게 하다.
② 꽉 봉한 것을 뜯다.
③ 노름, 내기, 경기 따위에서 이겨 돈이나 상품 따위를 얻다.
④ 글이나 말 따위에서 필요한 부분을 뽑아 취하다.

11 정답 ②

식탁 1개와 의자 2개의 합은 20만+(10만×2)=40만원이고 30만원 이상 구매 시 10%를 할인받을 수 있으므로 40만×0.9=36만원이다.

가구를 구매하고 남은 돈은 50만−36만=14만원이고 장미 한 송이당 가격은 6,500원이다.

따라서 14÷0.65≒21.53이므로 구매할 수 있는 장미는 21송이다.

12 정답 ④

A대리가 맞힌 문제를 x개, 틀린 문제는 $(20-x)$개라고 가정하여 얻은 점수에 대한 식은 다음과 같다.

$5x-3(20-x)=60 \rightarrow 8x=120$

$\therefore x=15$

따라서 A대리가 맞힌 문제의 수는 15개이다.

13 정답 ④

4월 회원의 남녀의 비가 2 : 3이므로 각각 $2a$명, $3a$명이라 하고, 5월에 더 가입한 남녀 회원의 수를 각각 x명, $2x$명으로 놓으면 다음과 같다.

$$\begin{cases} 2a+3a<260 \\ (2a+x)+(3a+2x)=5a+3x>320 \end{cases}$$

5월에 남녀의 비가 5 : 8이므로

$(2a+x):(3a+2x)=5:8 \rightarrow a=2x$

이를 연립방정식에 대입하여 정리하면

$$\begin{cases} 4x+6x<260 \\ 10x+3x>320 \end{cases} \rightarrow \begin{cases} 10x<260 \\ 13x>320 \end{cases}$$

공통 부분을 구하면 $24.6 \cdots <x<26$이며

x는 자연수이므로 25이다.

따라서 5월 전체 회원의 수는 $5a+3x=13x=325$명이다.

14 정답 ②

5명 중에서 3명을 순서와 상관없이 뽑을 수 있는 경우의 수는 ${}_5C_3=\frac{5\times4\times3}{3\times2\times1}=10$가지이다.

15 정답 ③

$5,322\times2+3,190\times3$

$=10,644+9,570$

$=20,214$

16 정답 ④

$5^3-4^3-2^2+7^3$

$=(125+343)-(64+4)$

$=468-68$

$=400$

17 정답 ①

P씨의 나이를 x살이라 하자.

$$A=\frac{27(x-4)+1}{2}\cdots㉠$$

$$A-56=\frac{3(2x-1)+2(5x+2)}{2}\cdots㉡$$

㉡에 ㉠을 대입하면

$$\frac{3(2x-1)+2(5x+2)}{2}+56=\frac{27(x-4)+1}{2}$$

$$\rightarrow \frac{6x-3+10x+4}{2}+56=\frac{27x-107}{2}$$

$$\rightarrow 16x+1+112=27x-107$$

$$\rightarrow 11x=220$$

$$\therefore\ x=20$$

따라서 P씨의 나이는 20살이다.

18 정답 ②

제시문에 따르면 '돼지>오리>소>닭, 염소' 순으로 가격이 비싸다. 따라서 닭과 염소의 가격 비교는 알 수 없다.
닭보다 비싼 고기 종류는 세 가지 또는 네 가지이며, 닭이 염소보다 비싸거나, 가격이 같거나, 싼 경우 세 가지의 경우의 수가 존재한다.

19 정답 ②

개과천선(改過遷善)은 '지난날의 잘못을 고쳐 착하게 된다'는 의미로 제시된 상황에 가장 적절하다.

오답분석

① 새옹지마(塞翁之馬) : 세상의 좋고 나쁨은 예측할 수 없음
③ 전화위복(轉禍爲福) : 안 좋은 일이 좋은 일로 바뀜
④ 사필귀정(事必歸正) : 처음에는 시비(是非) 곡직(曲直)을 가리지 못하여 그릇되더라도 모든 일은 결국에 가서는 반드시 정리(正理)로 돌아감
⑤ 자과부지(自過不知) : 자신의 잘못을 알지 못함

20 정답 ⑤

A사 71점, B사 70점, C사 75점으로 직원들의 만족도는 C사가 가장 높다.

21 정답 ②

A사 22점, B사 27점, C사 26점으로 가격과 성능의 만족도 합은 B사가 가장 높다.

22 정답 ①

A사 24점, B사 19점, C사 21점으로 안전성과 연비의 합은 A사가 가장 높다.

23

정답 ①

내일 날씨가 화창하고 사흘 뒤 비가 올 모든 경우는 다음과 같다.

내일	모레	사흘
화창	화창	비
화창	비	비

- 첫 번째 경우의 확률 : $0.25\times0.30=0.075$
- 두 번째 경우의 확률 : $0.30\times0.15=0.045$

그러므로 주어진 사건의 확률은 $0.075+0.045=0.12=12\%$이다.

24

정답 ④

앞의 항에 $+7$, -16를 번갈아 가며 적용하는 수열이다.

따라서 ( )$=49-16=33$이다.

25

정답 ④

$\underline{A\ B\ C\ D} \rightarrow A-B=C-D$

따라서 ( )$=25-16+9=18$이다.

26

정답 ⑤

세 번째, 네 번째 명제에 의해 종열이와 지훈이는 춤을 추지 않았다. 두 번째 명제의 대우에 의해 재현이가 춤을 추었고, 첫 번째 명제에 따라 서현이가 춤을 추었다. 따라서 재현이와 서현이가 춤을 추었다.

27

정답 ③

왼쪽에서 오른쪽으로 한 단계 이동할 때마다 전체 도형은 상하 대칭하고 선분의 끝 부분에 있는 도형은 원과 삼각형으로 번갈아 가며 바뀐다. 또한 상하 대칭 후 선분 끝에 있는 도형이 원일 때는 삼각형 안의 도형 위치는 그대로, 삼각형일 때는 좌우 대칭한다.

28

정답 ②

규칙은 가로로 적용된다.

첫 번째 도형과 세 번째 도형을 합쳤을 때 두 번째 도형이 되는데, 겹치는 칸이 모두 색칠되어 있거나 색칠되어 있지 않은 경우 그 칸의 색은 비워두고, 색칠된 칸과 색칠되지 않은 칸이 겹칠 경우 색칠하여 완성한다. 따라서 ?에는 ②가 와야 한다.

29

정답 ②

- 1층 : $4\times3-(2+2+0+1)=7$개
- 2층 : $12-(2+3+2+3)=2$개

$\therefore\ 7+2=9$개

30 정답 ⑤

413	943	483	521	253	653	923	653	569	**467**	532	952
472	753	958	551	956	538	416	567	955	282	**568**	954
483	571	462	933	457	353	442	**482**	668	533	382	682
986	959	853	492	957	558	955	453	913	**531**	963	421

31 정답 ①

ㄱ부터 순서대로 숫자를 대입하는 방식으로 정리하면 다음과 같다. 총 14자인 한글 자음은 14진법으로 계산하면 ㄱ은 15=(14+1)이 되기도 한다. 규칙을 추론하면 홀수 항은 +2, 짝수 항은 +3으로 나열된 수열이다.

ㅁ	ㅅ	ㅅ	ㅊ	ㅈ	ㅍ	ㅋ	(ㄴ)
5	7	7	10	9	13	11	16 (=14+2)

32 정답 ②

A부터 순서대로 숫자를 대입하는 방식으로 정리하면 다음과 같다. 앞의 문자에 각각 +1, −2, +3, −4, +5, …을 규칙으로 하는 수열이다.

F	G	E	H	D	(I)	C
6	7	5	8	4	9	3

33 정답 ⑤

쨍	�院	퓨	껀	짱	멩	걍	먄	녜	**쨍**	해	예
퓨	얘	뿌	**쨍**	멸	뚜	냥	압	랼	벧	쓴	빵
짱	멸	녜	뿌	해	쨍	�院	얘	**쨍**	뚜	벧	뺀
예	**쨍**	냥	먄	꺙	퓨	쓴	껀	취	빵	쟁	썸

34 정답 ⑤

CVNUTQERL – CBNUKQERL

35 정답 ①

サナマプワワソキゾノホヘヌナピサグソレリリルスソゼテトソソノペハア

36 정답 ④

'꾸러미'는 달걀 10개를 묶어 세는 단위이므로 달걀 한 꾸러미는 10개이다.

오답분석

① 굴비를 묶어 세는 단위인 '갓'은 '굴비 10마리'를 나타내므로 굴비 두 갓은 20마리이다.
② 일정한 길이로 말아 놓은 피륙을 세는 단위인 '필'의 길이는 40자에 해당되므로 명주 한 필은 40자이다.
③ '제'는 한약의 분량을 나타내는 단위로, 한 제는 탕약 스무 첩을 나타내므로 탕약 세 제는 60첩이다.
⑤ '거리'는 오이나 가지 따위를 묶어 세는 단위로, 한 거리는 오이나 가지 50개를 나타내므로 오이 한 거리는 50개이다.

37 정답 ③

미수(米壽)는 88세를 이르는 말이다. 80세를 의미하는 말은 '산수(傘壽)'이다.

38 정답 ③

지문에서 현대인들의 돌연사 원인에 대해 언급하고 있기는 하지만, 과거 전통적 사회에서 돌연사가 존재하지 않았는지는 알 수 없다.

39 정답 ②

지문에서 돌연사의 특징으로 외부의 타격이 없다는 점을 꼽고 있다.

40 정답 ③

아직 돌연사의 원인이 분명히 밝혀지지 않은 경우도 많다. 건강한 삶을 통해 발생 비율을 낮출 수 있을 뿐, 완벽한 예방이 가능한지는 알 수 없다.

41 정답 ⑤

(5,946+6,735+131+2,313+11)−(5,850+5,476+126+1,755+10)=15,136−13,217=1,919개소

42 정답 ④

- 초등학교 : $\frac{5,654-5,526}{5,526}\times 100 \fallingdotseq 2.32\%$
- 유치원 : $\frac{2,781-2,602}{2,602}\times 100 \fallingdotseq 6.88\%$
- 특수학교 : $\frac{107-93}{93}\times 100 \fallingdotseq 15.05\%$
- 보육시설 : $\frac{1,042-778}{778}\times 100 \fallingdotseq 33.93\%$
- 학원 : $\frac{8-7}{7}\times 100 \fallingdotseq 14.29\%$

따라서 보육시설의 증가율이 가장 크다.

43 정답 ②

2021년의 어린이보호구역의 합계는 15,136(=5,946+6,735+131+2,313+11)개소이고, 2016년 어린이보호구역의 합계는 8,434(=5,365+2,369+76+619+5)개소이므로 2021년 어린이보호구역은 2016년보다 총 6,702개소 증가했다.

44 정답 ⑤

제시된 단어의 의미는 '알려지지 않은'으로, 이와 같은 뜻을 가진 단어는 unknown(알려지지 않은)이다.

오답분석

① 더 이상 쓸모가 없는
② 버릇없는
③ 괴짜인
④ 비정상적인

45

정답 ①

목이 아픈 B에게 약을 5달러에 판매한 것으로 볼 때 ① 약국임을 알 수 있다.

해석

「A: 안녕하세요? 어떻게 도와드릴까요?
B: 목구멍이 따가워요.
A: 이 약을 드세요. 5달러입니다.
B: 여기 있습니다. 감사합니다.」

46

정답 ③

전치사 by는 동작의 완료 시점을 나타내므로 과거 시제에 쓰이지 않는다.

해석

「올해의 수익은 다음 월요일까지 회계사에게 알려질 것이다.」

47

정답 ④

5번째 줄에 나오는 'Therefore' 이하가 필자의 주장에 해당하는 내용이다. 'it is necessary to televise trials to increase the chance of a fair trial'을 통해 필자는 재판의 공정성을 높이기 위해 재판 과정을 중계해야 한다고 주장하고 있음을 알 수 있다.

해석

「미국에서 어떤 사람들은 TV 매체가 일부 재판관들로 하여금 그들이 다른 상황에서 내렸을 판결보다 더 엄한 처벌을 선고하도록 이끌면서, 왜곡된 재판 상황을 만들어 낼 것이라고 주장한다. 그러나 재판을 TV로 중계하는 것과 관련된 몇 가지 이점들이 있다. 그것은 재판 과정을 대중들에게 교육시키는 역할을 할 것이다. 그것은 또한 어떤 주어진 사건에서 정확히 어떤 일이 벌어지는지에 대해 완전하고 정확한 보도를 해 줄 것이다. 그렇기 때문에, 공정한 재판의 가능성을 증진시키기 위해 재판을 TV로 중계할 필요가 있다. 그리고 만약 재판이 중계된다면, 많은 청중들이 그 사건에 대해 알게 될 것이고, 방송이 되지 않았다면 그 사건을 몰랐을 중요한 목격자가 그 사건에서 잠재적인 역할을 할 수도 있다.」

48

정답 ④

상대방이 다가오기를 기다리지 말고, 적극적으로 먼저 다가가면 친구를 사귈 수 있다는 내용이므로, ④ 친구 사귀는 법이 주제가 된다.

해석

「만약 당신이 외톨이이고 친구들을 사귀지 못한다고 느낀다면, 당신은 마음가짐을 바꾸어야 한다. 당신은 상대방이 오기를 기다려서는 안 된다. 당신이 그들에게 먼저 다가가야 한다. 거절당하더라도 두려워하지 말자. 먼저 다가가서 날씨나 취미와 같은 가벼운 대화로 시작해라. 그들은 당신의 생각보다 더 상냥하다.」

49 정답 ③

부서배치

- 성과급 평균은 48만원이므로, A는 영업부 또는 인사부에서 일한다.
- B와 D는 비서실, 총무부, 홍보부 중에서 일한다.
- C는 인사부에서 일한다.
- D는 비서실에서 일한다.

따라서 A – 영업부, B – 총무부, C – 인사부, D – 비서실, E – 홍보부에서 일한다.

휴가

A는 D보다 휴가를 늦게 간다. 따라서 C – D – B – A 또는 D – A – B – C 순으로 휴가를 간다.

50 정답 ①

오전 심층면접은 9시 10분에 시작하므로 12시까지 170분의 시간이 있다. 이 시간에 한 명당 15분씩 면접을 볼 때, 가능한 면접인원은 170÷15≒11명이다. 오후 심층면접은 1시부터 바로 진행할 수 있으므로 종료시간까지 240분의 시간이 있다. 이 시간에 한 명당 15분씩 면접을 볼 때 가능한 인원은 240÷15=16명이다. 즉, 심층면접을 할 수 있는 최대 인원수는 11+16=27명이다. 27번째 면접자의 기본면접이 끝나기까지 소요되는 시간은 10×27+60(점심・휴식시간)=330분이다. 따라서 마지막 심층면접자의 기본면접 종료시각은 오전 9시+330분=오후 2시 30분이다.

제5회 정답 및 해설

시대에듀 마이스터고 입학 적성평가 최종모의고사 5회분 (기본형 + 혼합형)

초판발행	2024년 09월 10일 (인쇄 2024년 08월 30일)
발 행 인	박영일
책임편집	이해욱
편 저	시대적성검사연구소
편집진행	김준일 · 이보영 · 남민우 · 김유진
표지디자인	하연주
편집디자인	차성미 · 장성복
발 행 처	(주)시대고시기획
출판등록	제10-1521호
주 소	서울시 마포구 큰우물로 75 [도화동 538 성지 B/D] 9F
전 화	1600-3600
팩 스	02-701-8823
홈페이지	www.sdedu.co.kr
ISBN	979-11-383-7667-9 (13500)
정 가	17,000원

격월 발행

이슈&시사상식

다양한 분야의 최신이슈와 따끈한 취업소식을 모두 담았다!
이슈&시사상식으로 '상식의 맥'도 잡고 '취업'도 뽀개자!

12회 정기구독 신청 시
10% 할인
~~120,000원~~
108,000원

6회 정기구독 신청 시
10% 할인
~~60,000원~~
54,000원

정기구독 시 배송료(2,500원) 무료!

이슈&시사상식 무료동영상 제공

정기구독 신청 및 문의방법

- ❖ 고객센터 : 1600-3600
- ❖ 상담시간 : 평일 9:00~18:00(주말 · 공휴일 휴무)
- ❖ 시대에듀 홈페이지(www.sdedu.co.kr)에서도 신청 가능
- ❖ 주문 시 몇 호부터 받아보실 것인지 말씀해 주시기 바랍니다.
- ❖ 구독 중 주소지 변경 시에도 반드시 고객센터로 연락주시기 바랍니다.